O p e n C V

JISUANJI

SHIJUE

RUMEN

YU

ANLI

JIEXI

OpenCV

计算机视觉

入门与案例解析

宋春华
赵 俊
夏晓华 编著

U0390102

化学工业出版社

·北京·

内容简介

OpenCV 是一个开源、跨平台的计算机视觉库，近年来成为了初学者快速入门计算机视觉的首选工具之一。本书旨在让读者快速实现从入门到掌握这一工具。

本书首先通过编写实用案例来描述 OpenCV 图像处理的过程，围绕案例，解析在图像处理过程中所使用的功能函数，说明其中参数调用配置、使用函数的原理及其应用的场景，并且解析函数调用的细节，让读者在学习实用案例的过程中逐渐掌握不同功能函数的用法、用途，明白其中所使用的条件；其次，通过展示 OpenCV 库进行图像和视频的采集、处理和分析的流程，让读者了解、学习图像处理的具体流程框架以及逻辑顺序，与案例共同解析，感受到真实项目中所涉及的应用过程。本书先让读者了解案例，再分析案例中的函数调用，让读者对 OpenCV 图像处理操作在实际项目中的具体应用过程有更加直观的感受，这也是本书的亮眼部分。

本书适合计算机及模式识别、机械电子工程、自动化等相关领域的科研人员和工程技术人员参考使用，也可作为高等学校智能感知工程、机械电子工程、电子信息、自动化、计算机等相关专业的本科生和研究生的教学和参考用书。

图书在版编目（CIP）数据

OpenCV 计算机视觉入门与案例解析/宋春华，赵俊，夏晓华编著 . —北京：化学工业出版社，2024.4
ISBN 978-7-122-44982-5

Ⅰ.①O… Ⅱ.①宋…②赵…③夏… Ⅲ.①图像处理软件-程序设计 Ⅳ.①TP391.413

中国国家版本馆 CIP 数据核字（2024）第 062173 号

责任编辑：张海丽　　　　　　　　　　文字编辑：王　硕
责任校对：边　涛　　　　　　　　　　装帧设计：刘丽华

出版发行：化学工业出版社
　　　　　（北京市东城区青年湖南街 13 号　邮政编码 100011）
印　　装：北京捷迅佳彩印刷有限公司
787mm×1092mm　1/16　印张 12¾　彩插 2　字数 297 千字
2024 年 6 月北京第 1 版第 1 次印刷

购书咨询：010-64518888　　　　　　　售后服务：010-64518899
网　　址：http://www.cip.com.cn
凡购买本书，如有缺损质量问题，本社销售中心负责调换。

定　　价：88.00 元　　　　　　　　　　版权所有　违者必究

自 OpenCV 出现以来，它作为信息获取和处理的重要技术，以帮助开发者和研究人员提高产出效率为目标，一直是计算机视觉研究人员的首选工具，逐渐进入大多数工科类本科生和研究生的必修或选修课程。OpenCV 使学习计算机视觉变得更加容易，熟悉、应用 OpenCV 会助力计算机视觉的学习，达到事半功倍的效果。

目前，在机器学习和深度学习越来越热门的背景下，对其应用最广泛的就是图像的处理与分析，并且这些项目大部分是基于 OpenCV 来进行开发的。OpenCV 注重开发实时应用的程序，其中的算法模型和功能 API（应用程序接口）都具备实时运行的能力。由于计算机视觉技术的不断发展，OpenCV 库也在不断改善，目前已经可以在几乎所有平台上使用，并且由于其函数均由面向对象的 C++语言编写，因此 OpenCV 具有卓越的高效性。不仅如此，OpenCV 库还提供了多种程序语言的接口，包括 C++、Python、Java 等的接口，使用户掌握应用更加方便。对了解、学习计算机视觉领域的技术而言，OpenCV 绝对是最优秀的平台之一。

国内相关的介绍 OpenCV 的图书从基础理论介绍到应用实例都有涉及，多集中在某一细分领域，如工业机器人、视觉测量等。除此之外，由于计算机视觉技术的不断更新，原有的一些模型算法需要进行优化调整或替换。本书以实用案例为中心，分析、解释了函数调用原理，展示了函数应用场景。不同的案例包含了各种不同的使用场景，从传统的图像处理到现代深度学习模块，一步步深化 OpenCV 图像处理技术。

本书共 15 章，前 3 章为基础知识，后 12 章为 OpenCV 图像处理的基本操作和综合应用实例。第 1～3 章为基础知识篇，介绍了 C++语言的程序设计和 OpenCV 的发展历程以及未来发展前景等，着重介绍了 OpenCV 的安装；第 4～7 章为 OpenCV 基础应用篇，介绍了图像的基本操作应用案例，包括图像和视频的读取、保存，以及图像的预处理和绘制；第 8～10 章为 OpenCV 进阶篇，介绍了如何获得翘曲图片，以及几何形状检测和人脸检测案例；第 11～13 章为 OpenCV 提高篇，介绍了使用 VS 2017 和 VS Code 两个平台创建颜色选择器，跟踪、绘制颜色路径和文档扫描的应用案例；第 14～15 章为 OpenCV 技术篇，介绍了 OpenCV 中与机器学习相关的函数与使用方法，同时结合在路面病害检测中的应用，介绍 OpenCV 中与深度学习相关的内容。本书 OpenCV 基础应用篇、提高篇以及技术篇的案例基于在 Visual Studio 2017 平台上使用 OpenCV 库以及使用 C 语言进行展示。

本书由宋春华、赵俊、夏晓华编著，由宋春华对全书进行统稿。其中，西华大学宋春华和四川轻化工大学赵俊共同完成了第 1～3 章、第 11～13

章；西华大学宋春华完成了第 4～10 章；长安大学夏晓华完成了第 14 章和第 15 章。全书是在各位作者的精心配合和共同努力下完成的。

特别感谢南方科技大学教授、欧洲科学院院士刘国平教授，日本长崎综合科学大学教授、日本工程院院士刘震教授为本书编写提供的宝贵意见。感谢西华大学机械工程学院硕士生王显宇、黄海涛、杨超、李丹丹、戴凌锋、罗杨对本书的校对工作。在本书编写过程中，参考了一些资料，在此向书中所列参考文献的作者表示衷心的感谢！

由于编著者水平有限，不足和疏漏之处在所难免，敬请读者批评指正。

编著者
2023 年 10 月

目录

基础知识篇

第1章 C++语言介绍 …………… 002

1.1 C++语言程序设计 …………… 002

1.1.1 变量的定义和赋值 ………… 002

1.1.2 数据类型和运算符 ………… 003

1.1.3 输入与输出 ……………… 004

1.2 C++语言基本结构 …………… 004

1.2.1 顺序结构 ………………… 004

1.2.2 选择结构 ………………… 005

1.2.3 循环结构 ………………… 006

1.3 C++程序基本结构 …………… 007

1.3.1 头文件 …………………… 007

1.3.2 命名空间 ………………… 007

1.3.3 全局变量 ………………… 008

1.3.4 main()函数 ……………… 009

1.3.5 局部变量 ………………… 011

1.3.6 函数 ……………………… 011

1.3.7 注释 ……………………… 012

第2章 OpenCV 概述 …………… 014

2.1 OpenCV 介绍 ……………… 014

2.2 机器视觉与 OpenCV 发展史 … 015

2.2.1 机器视觉发展史 ………… 015

2.2.2 OpenCV 发展史 ………… 016

2.3 OpenCV 的应用与前景 ……… 017

第3章 OpenCV 的环境搭建 ……… 018

3.1 OpenCV 4.7.0简介 ………… 018

3.2 安装 OpenCV 的准备工作 …… 018

3.3 安装步骤 …………………… 021

3.4 安装环境配置 ……………… 023

OpenCV 基础应用篇

第4章 图像与视频的读取 ………… 028

4.1 读取图像 …………………… 028

4.2 读取视频 …………………… 029

4.3 调用摄像头 ………………… 030

4.4 功能函数 …………………… 031

4.4.1 Mat 类对象 ……………… 031

4.4.2 VideoCapture 类对象 …… 031

4.4.3 读取图片、视频功能函数
　　　 "imread" ……………… 032

4.4.4 图片、视频和摄像头显示功能函数
　　　 "imshow" ……………… 032

4.4.5 图像刷新功能函数 "waitKey" …… 032

4.5 代码演示 …………………… 033

第5章 图像和视频的保存 ………… 035

5.1 保存目标图像 ……………… 035

5.2 图像保存功能函数 "imwrite" … 035

5.3 图像保存代码演示 ………… 036

5.4 保存目标视频 ……………… 036

5.5 视频保存功能函数 ………… 037

5.5.1 视频宽度属性函数 "CAP_PROP_FRAME_
　　　 WIDTH" ………………… 037

5.5.2 视频高度属性函数 "CAP_PROP_FRAME_
　　　 HEIGHT" ………………… 038

5.5.3 视频总帧数属性函数 "CAP_PROP_FRAME_

COUNT" ·················· 038

5.5.4　视频帧率属性函数"CAP_PROP_
FPS" ·················· 038

5.5.5　VideoWriter 类对象 ········· 038

5.5.6　视频文件关闭释放函数"release" ··· 039

5.6　视频保存代码演示 ·············· 040

第6章　图像的预处理操作·············· 042

6.1　图像颜色空间转换·············· 042

6.1.1　图像灰度变换 ·············· 042

6.1.2　颜色空间转换函数"cvtColor" ··· 044

6.1.3　图像灰度变换代码演示 ········ 045

6.2　高斯模糊 ·················· 045

6.2.1　高斯模糊函数"GaussianBlur" ··· 047

6.2.2　高斯模糊代码演示 ·········· 048

6.3　中值滤波 ·················· 048

6.3.1　中值滤波函数"medianBlur" ··· 049

6.3.2　中值滤波代码演示 ·········· 050

6.4　边缘检测 ·················· 050

6.4.1　边缘检测函数"Canny" ········· 052

6.4.2　边缘检测流程代码演示 ········· 053

6.5　图像的腐蚀与膨胀 ·············· 053

6.5.1　图像二值化函数"threshold" ··· 055

6.5.2　OTSU 算法 ·············· 056

6.5.3　TRIANGLE（三角法）算法 ··· 058

6.5.4　获取结构元素函数
"getStructuringElement" ··· 059

6.5.5　图像的膨胀操作函数"dilate" ··· 060

6.5.6　图像的腐蚀操作函数"erode" ··· 060

6.5.7　图像的膨胀与腐蚀操作代码演示 ··· 061

第7章　图像的绘制 ·············· 063

7.1　创建、绘制自定义图像 ·········· 063

7.2　功能函数 ·················· 065

7.2.1　图像创建函数"Mat" ·········· 065

7.2.2　圆形绘制函数"circle" ········· 066

7.2.3　矩形绘制函数"rectangle" ······· 066

7.2.4　文本放置函数"putText" ········· 067

7.3　代码演示 ·················· 068

OpenCV 进阶篇

第8章　获得翘曲图片 ·············· 070

8.1　目标图像 ·················· 070

8.2　获得目标像素点坐标 ············ 071

8.3　创建结果像素点坐标 ············ 071

8.4　获得图像透视变换矩阵 ·········· 072

8.5　图像透视变换 ··············· 072

8.5.1　获取透视变换矩阵函数
"getPerspectiveTransform" ··· 073

8.5.2　透视变换函数"warpPerspective" ··· 073

8.6　案例优化 ·················· 074

8.7　代码演示 ·················· 075

第9章　几何形状检测 ·············· 076

9.1　目标图像 ·················· 076

9.2　图像的预处理 ··············· 076

9.3　构建检测识别模块 ·············· 078

9.3.1　形状轮廓检测标记功能 ········· 078

9.3.2　形状轮廓判断标识功能 ········· 079

9.4　功能函数 ·················· 080

9.4.1　轮廓查找函数"findContours" ··· 080

9.4.2　弧长计算函数"arcLength" ······ 082

9.4.3　多边形拟合函数"approxPolyDP" ··· 082

9.4.4　边界矩形函数"boundingRect" ··· 083

9.4.5　轮廓绘制函数"drawContours" ··· 083

9.5　案例优化 ·················· 084

9.6　代码演示 ·················· 085

第10章　人脸检测 ·············· 088

10.1　目标图像 ················· 088

10.2 人脸识别相关概念 ············ 089

10.2.1 级联分类器 ············ 089

10.2.2 Haar 人脸特征 ············ 089

10.2.3 积分图加速法 ············ 090

10.2.4 AdaBoost 学习算法 ········ 090

10.2.5 强分类器的级联 ·········· 092

10.3 利用级联分类器进行人脸识别 ······ 092

10.4 功能函数 ················ 093

10.4.1 CascadeClassifier ········ 093

10.4.2 detectMultiScale ········ 094

10.5 代码演示 ················ 095

OpenCV 提高篇

第 11 章 创建颜色选择器 ········· 098

11.1 使用 VS 2017 创建颜色选择器 ····· 098

11.1.1 创建调节面板 ·········· 098

11.1.2 HSV 颜色空间 ·········· 099

11.1.3 创建颜色遮罩窗口与视频捕捉
窗口 ················ 100

11.1.4 功能函数 ············ 101

11.1.5 案例优化 ············ 103

11.1.6 代码演示 ············ 104

11.2 使用 VS Code 创建颜色选择器 ··· 105

11.2.1 调用摄像头 ·········· 106

11.2.2 视频翻转 ············ 107

11.2.3 进行颜色空间转换 ········ 108

11.2.4 设置颜色通道 ·········· 111

11.2.5 创建遮罩 ············ 112

11.2.6 创建窗口 ············ 114

11.2.7 创建 Trackbar ········ 115

11.2.8 调节各个颜色通道值 ······ 116

11.2.9 代码演示 ············ 118

第 12 章 跟踪、绘制颜色路径 ········ 122

12.1 使用 VS 2017 跟踪、绘制颜色
路径 ················ 122

12.1.1 寻找目标颜色，获取颜色轮廓 ····· 123

12.1.2 获取颜色轮廓关键点向量 ······· 123

12.1.3 绘制关键点的行动路径 ······· 124

12.1.4 案例优化 ············ 124

12.1.5 代码演示 ············ 125

12.2 使用 VS Code 跟踪、绘制颜色
路径 ················ 128

12.2.1 调用摄像头 ·········· 128

12.2.2 视频翻转 ············ 129

12.2.3 进行颜色空间转换 ········ 130

12.2.4 设置颜色通道 ·········· 130

12.2.5 创建遮罩 ············ 131

12.2.6 创建窗口 ············ 132

12.2.7 创建 Trackbar ········ 133

12.2.8 确定目标颜色通道值 ······ 135

12.2.9 定义矩阵向量 ·········· 135

12.2.10 进行颜色空间转换 ······· 136

12.2.11 轮廓检测 ············ 137

12.2.12 过滤干扰项 ·········· 138

12.2.13 轮廓绘制 ············ 142

12.2.14 矩形绘制 ············ 144

12.2.15 创建遮罩 ············ 145

12.2.16 颜色检测 ············ 145

12.2.17 圆形绘制 ············ 145

12.2.18 轨迹绘制 ············ 146

12.2.19 代码演示 ············ 147

第 13 章 文档扫描 ·············· 150

13.1 VS 2017 文档扫描 ·········· 150

13.1.1 图像的预处理 ·········· 150

13.1.2 轮廓获取 ············ 151

13.1.3 角点获取 ············ 153

13.1.4 文档翘曲 ············ 154

13.1.5 案例优化 ············ 155

13.1.6 代码演示 ·············· 155

13.2 VS Code 文档扫描 ·········· 158

13.2.1 读取目标图像 ·········· 158

13.2.2 预处理：高斯模糊 ······· 159

13.2.3 预处理：边缘检测 ······· 160

13.2.4 预处理：膨胀操作 ······· 163

13.2.5 预处理：腐蚀操作 ······· 165

13.2.6 定义矩阵向量 ·········· 166

13.2.7 轮廓检测 ·············· 167

13.2.8 过滤干扰项 ············ 167

13.2.9 得到轮廓 ·············· 168

13.2.10 轮廓坐标点排序 ········ 169

13.2.11 获得图像透视变换矩阵 ··· 170

13.2.12 图像透视变换 ·········· 172

13.2.13 显示结果图像 ·········· 173

13.2.14 代码演示 ············· 173

OpenCV 技术篇

第 14 章　OpenCV 与机器学习 ········ 178

14.1 传统机器学习 ············· 178

14.1.1 逻辑回归 ·············· 178

14.1.2 K 近邻 ················ 179

14.1.3 支持向量机（SVM）········ 179

14.1.4 贝叶斯网络 ············ 180

14.2 OpenCV 与深度学习 ········ 180

14.2.1 用 GoogLeNet 模型实现图像
分类 ················· 181

14.2.2 用 SSD 模型实现对象检测 ·· 181

14.2.3 用 FCN 模型实现图像分割 ····· 182

14.2.4 用 CNN 模型预测年龄和性别 ····· 182

14.2.5 用 GOTURN 模型实现对象
跟踪 ················· 182

第 15 章　基于深度学习的路面病害
检测案例 ················ 184

15.1 深度学习在路面病害检测中的应用
背景 ················· 184

15.2 数据集构建 ·············· 184

15.3 基于 DeepLabV3＋的路面病害
检测方法 ··············· 187

15.3.1 模型改进 ·············· 187

15.3.2 评价指标 ·············· 189

15.3.3 模型训练与测试 ········· 190

15.3.4 不同模型的对比实验 ······ 191

15.3.5 不同模型检测病害的可视化效果
对比 ················· 192

参考文献 ······································ 194

基础知识篇

第1章
C++语言介绍

1.1　C++语言程序设计

一般来说，程序设计是对某个问题的解决方法的步骤描述。C++语言程序则用C++这种计算机能够识别的语言工具来解决问题。

C++继承自C语言，既兼容了C语言，保持了C语言的简洁和高效，可以像C语言那样进行结构化程序设计，同时也增强了对类型的处理；加入了面向对象的特征，可以进行以抽象数据类型为特点的基于对象的程序设计，还可以进行以继承和多态为特点的面向对象的程序设计[1]。

1.1.1　变量的定义和赋值

变量定义就是告诉编译器在何处创建变量的存储，以及如何创建变量的存储。变量的定义中需要指定变量的类型和名称，例如：

```
int a;              //定义一个整型变量 a
double b;           //定义一个双精度浮点型变量 b
bool c;             //定义一个布尔型变量 c
char d;             //定义一个字符型变量 d
```

变量的类型可以是基本类型，也可以是自定义类型。

变量的赋值是将一个值赋给已定义的变量，在C++中，可以使用等号（＝）将一个值赋给变量：

```
a＝10;              //将整数值 10 赋给变量 a
b＝3.14;            //将双精度浮点数值 3.14 赋给变量 b
c＝true;            //将布尔值 true 赋给变量 c
d＝'a';             //将字符 'a' 赋给变量 d
```

当然，也可以在定义变量的同时对其进行初始化：

```
int a＝10;          //定义并初始化整型变量 a
double b＝3.14;     //定义并初始化双精度浮点型变量 b
```

```
bool c=true;        //定义并初始化布尔型变量 c
char d='a';         //定义并初始化字符型变量 d
```

在顺序结构中，变量的赋值经常用于进行一系列运算和逻辑处理，以便得到需要的结果。

1.1.2 数据类型和运算符

（1）C++中常见的数据类型

① 整型（int）：表示整数，可以分为有符号和无符号两种，这两种类型都占用 4 个字节。

② 浮点型（float 和 double）：表示实数，其中 float 占 4 个字节，double 占 8 个字节。float 和 double 的区别在于精度和取值范围不同。

③ 字符型（char）：表示单个字符，占用 1 个字节。

④ 布尔型（bool）：表示真或假，占用 1 个字节。

⑤ 枚举型（enum）：表示具有离散值的类型，可以赋值为枚举类型中的一个值。

⑥ 数组类型：表示同一种类型的元素集合，可以在声明数组时指定数组元素个数。

⑦ 指针类型（pointer）：表示指向某种数据类型的指针，指向的数据类型可以是任何类型。

⑧ 结构体类型（struct）：表示由多个变量组成的数据类型，可以自定义一种数据结构。

⑨ 类型定义（typedef）：可以使用 typedef 为某种数据类型定义一个别名[2]。

（2）C++中常见的运算符

① 算数运算符：加（+）、减（-）、乘（*）、除（/）、取模（%）、自增（++）、自减（--）。

② 关系运算符：等于（==）、不等于（!=）、大于（>）、小于（<）、大于等于（>=）、小于等于（<=）。

③ 逻辑运算符：与（&&）、或（||）、非（!）。

④ 位运算符：按位与（&）、按位或（|）、异或（^）、左移（<<）、右移（>>）、按位取反（~）。

⑤ 赋值运算符：赋值（=）、加等于（+=）、减等于（-=）、乘等于（*=）、除等于（/=）、取模等于（%=）、左移等于（<<=）、右移等于（>>=）、按位与等于（&=）、按位或等于（|=）、按位异或等于（^=）。

⑥ 条件运算符：常见的三元条件运算符有"?""："。该运算符常用于简化 if-else 语句。例如：

条件表达式？表达式 1:表达式 2

该语句表示如果条件表达式的结果为真（即非零），则整个条件运算的结果是表达式 1 的值；否则，其结果是表达式 2 的值。

⑦ 指针运算符：取地址（&）、指针（*）。

1.1.3　输入与输出

C++中常见的输入输出方式包括：

① 标准输入输出（cin 和 cout）：可以使用 iostream 头文件中的 cin 和 cout 对象进行输入输出操作。cin 用于从标准输入设备（一般为键盘）读入数据，cout 用于向标准输出设备（一般为屏幕）输出数据。

② 标准格式化输入输出（scanf 和 printf）：可以使用 cstdio 头文件中的 scanf 和 printf 函数进行输入输出操作。scanf 用于从标准输入设备读入数据，printf 用于向标准输出设备输出数据。

③ 文件输入输出（ifstream 和 ofstream）：可以使用 fstream 头文件中的 ifstream 和 ofstream 对象进行文件的输入输出操作。ifstream 可以用于从文件中读取数据，ofstream 可以用于向文件中写入数据。

④ 字符串输入输出（istringstream 和 ostringstream）：可以使用 sstream 头文件中的 istringstream 和 ostringstream 对象进行字符串的输入输出操作。istringstream 可以用于从字符串中读取数据，ostringstream 可以用于向一个字符串中输出数据。

⑤ 格式化输出流（setw、setfill、setprecision）：可以使用 iomanip 头文件中的 setw、setfill、setprecision 等函数控制数值的输出格式，如控制输出宽度、输出精度、填充符等。

1.2　C++ 语言基本结构

程序设计是一个提出问题、设计算法、编写程序、调试程序，最后再运行程序的过程。程序设计有三种基本结构：顺序结构、选择结构和循环结构。而这些结构都由不同的语句构成，含有各自的表达式语句、复合语句、空语句和控制语句等[3]。

1.2.1　顺序结构

顺序结构是按照程序中的语句逐步执行，其中包含的语句一般包括三种：表达式语句、输入语句和输出语句。

（1）表达式语句

表达式由操作数和运算符组成。操作数，顾名思义，是指被操作的数据，它可以是任何具有类型的值，即可以是变量、函数返回值或者由一个操作数和运算符组成的表达式。把运算符作用于操作数便可产生一个可用于其他表达式的值。

（2）输入/输出语句

在 C++程序中，没有专门的输入/输出语句，它是由函数（scanf、printf）或流控制来实现输入输出功能的。输入/输出流（I/O 流）是输入或输出的一系列字节。C++定义了运算符"<<"和">>"的 iostream 类。

当程序需要执行键盘输入时，可以使用抽取操作符">>"从输入流 cin 中抽取键盘输入的字符和数字，并把它赋给指定的变量[4]。

1.2.2　选择结构

选择结构又称为分支结构，该类结构根据判断语句来决定执行的分支。C++中常用的选择结构语句有 if 语句和 switch 语句。

（1）if 语句

if 语句的语法格式如下：

```c++
if(条件)
{
        //条件为真(true)时执行的语句
}
else
{
        //条件为假(false)时执行的语句
}
```

图 1-1 为执行示意图。

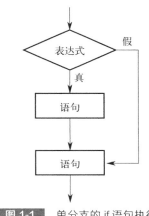

图 1-1　单分支的 if 语句执行图

当 if 后面的条件为真时，将执行 if 语句块（{ } 中的语句）；当 if 后面的条件为假时，将执行 else 语句块（{ } 中的语句）。else 语句块是可选的。

（2）switch 语句

switch 语句的语法格式如下：

```c++
switch(表达式)
{
    case 常量1:
        //当表达式的值等于常量 1 时执行的语句
```

```
            break;
    case 常量 2:
            //当表达式的值等于常量 2 时执行的语句
            break;
    //...
    default:
            //当表达式的值与所有常量都不匹配时执行的语句
            break;
}
```

switch 语句中的表达式将被与 case 语句中的常量逐一比较，当表达式和某个常量相等时，将执行该 case 语句块中的语句；break 语句用于跳出 switch 语句块。default 语句为可选的，当表达式的值与所有常量都不匹配时，将执行 default 语句块中的语句。

1.2.3 循环结构

在 C++ 中，常见的循环结构包括 for 循环、while 循环和 do-while 循环。

（1）for 循环

for 循环的语法格式如下：

```c++
for(初始化表达式;条件表达式;更新表达式)
{
        //循环执行的语句
}
```

for 循环的执行流程为：先执行初始化表达式，然后执行条件表达式，如果条件表达式为真，则执行循环体中的语句；然后执行更新表达式，再次执行条件表达式，直到条件表达式为假，跳出循环。

（2）while 循环

while 循环的语法格式如下：

```c++
while(条件表达式)
{
        //循环执行的语句
}
```

while 循环的执行流程为：先执行条件表达式，如果条件表达式为真，则执行循环体中的语句；然后再次执行条件表达式，直到条件表达式为假，跳出循环。

（3）do-while 循环

do-while 循环的语法格式如下：

```
c++
do
{
    //循环执行的语句
}while(条件表达式);
```

do-while 循环的执行流程为：先执行循环体中的语句，然后执行条件表达式，如果条件表达式为真，则再次执行循环体中的语句，直到条件表达式为假，跳出循环。需要注意的是，do-while 循环至少会执行一次循环体，而其他两种循环结构可能一次都不执行。

1.3　C++程序基本结构

C++程序基本结构由头文件、命名空间、全局变量、main()函数、局部变量、函数和注释七个部分组成，下面依次来介绍。

1.3.1　头文件

头文件包含标准库头文件或自定义头文件，以便在程序中使用这些库函数和数据结构等。通常以头文件的形式包含库文件和类定义，头文件中包含了程序所需的函数、变量以及常数的声明。头文件是源代码文件中用于引入函数和类型声明的文件，有时候也包含一些宏定义和模板类、函数的实现[5]。

头文件可以分为以下两类：

① 标准库头文件。这些头文件包含 C++标准库中提供的函数原型和类型声明，如 iostream、cstdio、cstring 等。标准库头文件由编译器的开发者提供，并且在不同的编译器中可以稍有不同，但是大部分常见的头文件都是通用的。

②自定义头文件。这些头文件主要是程序员自己编写的一些函数和类型声明。在一个项目中，如果某个函数或类型被多个源文件使用，就可以将其写成头文件，在其他文件中进行引用，这样可以减少代码的重复。自定义头文件应该具备有意义的命名，并且应该按照一定的规则来包含其他头文件。

头文件的引入有两种方式：

① ≠include<header_file_name>：用于引入标准库头文件，编译器从系统的默认路径中查找并加载指定的头文件。

② ≠include "header_file_name"：用于引入自定义头文件，编译器从当前目录开始查找并加载指定的头文件。

总之，头文件是 C++中非常重要的组成部分，能够方便地扩展程序的功能，提高代码的可读性和重用性。

1.3.2　命名空间

命名空间引入关键字 namespace 将代码隔离开来，避免了不同部分的代码命名冲突。

C++命名空间是一种机制，用于将类、函数或变量组织在一起，以避免命名冲突并提高代码结构的可读性。命名空间可以定义在全局范围内或在其他命名空间内，并且可以嵌套使用。

以下是一个简单的例子，演示如何使用命名空间：

```cpp
#include <iostream>
//定义命名空间
namespace MyNamespace{
    int x=10;
    void printX(){
        std::cout<<"x= "<< x<<std::endl;
    }
}
int main(){
    //使用 MyNamespace 命名空间中的 x 变量和 printX 函数
    std::cout << MyNamespace::x <<std::endl;
    MyNamespace::printX();
    return 0;
}
```

输出：

```
10
x=10
```

在上面的示例中，我们定义了一个名为 MyNamespace 的命名空间，并在其中定义了一个整数变量 x 和一个名为 printX 的函数。在主程序中，我们通过 MyNamespace::x 和 MyNamespace::printX()访问它们。

使用命名空间可以有效地组织代码，避免命名冲突，并提高代码可读性。

1.3.3 全局变量

在所有函数外部（通常是在程序的头部）定义的变量，称为全局变量。定义全局变量后，这些变量在程序中可以被任何函数调用。

全局变量的有效范围从定义变量的位置开始到源文件结束，在程序的全部执行过程中都占用存储单元，而不是仅在需要时才开辟单元。

对全局变量的一些说明：

① 全局变量可以被所有定义在全局变量之后的函数访问。

② 在同一个源文件中，如果全局变量和局部变量同名，则在局部变量的作用范围内，全局变量被屏蔽，即不起作用。

③ 全局变量不宜过多，应限制使用，因为变量过多可能会使各个含有全局变量的函数在执行时改变其值，程序容易出错，而能修改全局变量的语句又很多，这使调试程序变

得困难。

以下是一个简单的例子，演示如何定义和使用全局变量：

```cpp
#include<iostream>
//定义全局变量
int globalVar=5;
void printGlobalVar(){
    //在函数中访问全局变量
    std::cout<<"Global variable:"<<globalVar<<std::endl;
}
int main(){
    //在主程序中访问全局变量
    std::cout<<"Global variable: "<<globalVar<<std::endl;
    //修改全局变量
    globalVar=10;
    //再次访问全局变量
    std::cout<<"Global variable: "<<globalVar<<std::endl;
    //在函数中访问全局变量
    printGlobalVar();
    return 0;
}
```

输出：

```
Global variable: 5
Global variable: 10
Global variable: 10
```

在上面的示例中，定义了一个名为 globalVar 的全局变量，并在主程序中和函数中访问它。在主程序中，修改了 globalVar 的值并再次访问它。在函数 printGlobalVar() 中，也访问了全局变量。

需要注意的是，全局变量虽然可以方便地被访问，但过多地使用全局变量会导致程序难以维护，因为全局变量可能被多个函数或类使用并修改，从而导致意外的行为和错误。因此，在编写程序时，需要谨慎使用全局变量，通常应该尽可能地避免使用它们[6]。

1.3.4　main() 函数

main() 函数即程序的主函数，包含程序的执行流程，从这里开始执行程序。

C++中的 main() 函数是程序的入口函数。当程序运行时，从 main() 函数开始执行。在 main() 函数中，可以进行调用其他函数、定义变量等操作以实现特定的功能。

下面是 main() 函数的一般形式：

```c++
int main(){
    //代码块
    return 0;
}
```

其中，int 表示返回值类型，main()函数必须有一个返回值。通常情况下，main()函数返回值为 0 表示程序执行成功，非零值表示程序执行出错。"return 0;"表示程序正常结束。

main()函数没有参数或者有两个参数，其具体形式如下：

```c++
int main(){
    //代码块
    return 0;
}
int main(int argc,char * argv[]){
    //代码块
    return 0;
}
```

第一个参数"argc"是整型参数，表示命令行参数的个数。第二个参数"argv[]"是字符指针数组，存储命令行参数的具体内容。在 Windows 系统下，命令行参数是以空格作为分隔符的，例如：

```
myprog.exe arg1 arg2 arg3
```

在上面的例子中，argc 的值为 4，其中包括程序名和三个命令行参数。argv[0]存储程序名，argv[1]、argv[2]、argv[3]存储三个命令行参数。

需要注意的是，在 C++中，main()函数可以有多个重载版本，但只有一个版本是程序真正的入口函数。程序的入口函数可以是以下任意一个：

```c++
int main(){
    return 0;
}

int main(int argc,char * argv[]){
    return 0;
}

int main(int argc,char * * argv){
    return 0;
}
```

```c++
int main(int argc,char * argv[],char * envp[]){
    return 0;
}
```

其中，第四个版本支持获取环境变量信息。

1.3.5　局部变量

在程序中，局部变量是指在函数、代码块或语句块中定义的变量。局部变量的作用域仅限于定义它的函数、代码块或语句块内部，在外部无法访问。一旦离开局部变量所在的函数、代码块或语句块，该变量便被销毁，其占用的内存空间也被释放。

局部变量有以下特点：

① 只在定义它的函数、代码块或语句块内部有效；

② 局部变量不会与其他函数或代码块中相同名字的变量发生冲突；

③ 函数、代码块或语句块在每次执行时会重新初始化局部变量，所以每次使用局部变量时都要进行初始化。

例如，下面是一个计算圆的面积的函数，其中"r"就是一个局部变量：

```c++
double calcCircleArea(double r){
    double area＝3.14 * r * r;　//定义局部变量 area 并计算圆的面积
    return area;　　　　　　　　//返回结果
}
```

在上述例子中，r 和 area 都是局部变量，它们只在函数 calcCircleArea 中有效，在函数外部无法访问它们。

1.3.6　函数

函数是 C++中最重要的元素之一，函数可以接收参数和返回值，有远比变量更多的灵活性。

在 C++中，函数的定义包括以下几个部分：

① 返回值类型：指定函数返回的数据类型。

② 函数名：为函数起一个唯一的名称。

③ 参数列表：函数的参数数量、类型和顺序。如果函数没有参数，则可以留空，但必须保留括号。

④ 函数体：函数的实际执行代码，包括变量定义、语句和控制结构等。

例如，下面是定义一个计算两个整数之和的函数 "add" 的示例：

```c++
int add(int a,int b){
    int sum＝a＋b;　　//计算两个整数之和
```

```cpp
    return sum;         //返回结果
}
```

该函数有两个参数 "a" 和 "b"，它们都是整型变量。函数返回类型是 int，即将两个整数相加的结果也是整数。在函数体中，首先将 a 和 b 相加，结果存储在 sum 变量中，然后返回 sum。

需要注意的是，在函数定义中，函数名和参数列表合在一起被称为函数的签名，函数签名确定了函数的唯一性。在 C++ 中，函数的参数可以有默认值，可以使用函数重载实现多个同名函数，还可以使用 inline 关键字定义内联函数等。

1.3.7 注释

在 C++ 中，注释是用于说明代码的一段文字，其内容对编译器来说是无意义的，只对程序员自己或其他人具有阅读作用。C++ 中有单行注释和多行注释两种注释形式。

① 单行注释：以两个斜杠（//）开头的注释，注释内容只在该行有效。

```cpp
//这是一个单行注释
```

② 多行注释：以 /* 开头，以 */ 结尾的注释，可以跨越多行。

```cpp
/*
这是一个多行注释
可以写多行文字
*/
```

注释可以用于解释代码的含义、记录代码的修改历史、增加文档说明等，有助于提高代码可读性和可维护性。在编写代码时应当适当添加注释，但不要过度注释，也不要添加无用的注释[7]。

C++ 程序的基本结构如下：

```cpp
#include <iostream>          //头文件
using namespace std;   //命名空间
//全局变量
int number=5;
int main(){      //主函数
    //局部变量
    int a,b,x;
    cout<<"Enter two integers:";  //打印输出
    cin>>a>>b;   //从键盘读取两个整数
    x=a+b;   //调用加法函数
    cout<<"Sum of the entered numbers is:"<<x<<endl;   //输出结果
```

```
    return 0;
}

//函数
int add(int num1,int num2){
    return num1+num2;
}
```

 小结

　　C++ 程序的基本结构包含头文件、命名空间、全局变量、主函数、局部变量、函数和注释。这一结构提供了一个逻辑结构，使程序员可以更好地组织和控制程序的执行流程。

第 2 章
OpenCV 概述

OpenCV 是目前较为流行的计算机视觉处理库之一。其使用简便性、高效性与准确性使得其深受机器视觉领域研究者们的喜爱。本章将带领从事计算机视觉工作或对 OpenCV 感兴趣的读者了解 OpenCV 的基本情况，包括 OpenCV 介绍、机器视觉与 OpenCV 发展史、OpenCV 的应用以及前景，并通过以上方面说明 OpenCV 在计算机视觉领域的重要性。

2.1 OpenCV 介绍

OpenCV 全称为 Open Source Computer Vision Library，是一个开源的计算机视觉库。它提供了很多函数，这些函数非常高效地实现了计算机视觉算法（从最基本的滤波到高级的物体检测皆有涵盖）。

OpenCV 库用 C 语言和 C++语言编写，可以在 Windows、Linux、Mac OS X 等系统运行。同时其厂商也在积极开发 Python、Java、Matlab 以及其他一些语言的接口，将库导入安卓（Android）和 iOS 中为移动设备开发应用。

OpenCV 是跨平台的，可以在 Windows、Linux、Mac OS、Android、iOS 等操作系统上运行。

OpenCV 的应用领域非常广泛，包括图像拼接、图像降噪、产品质检、人机交互、人脸识别、动作识别、动作跟踪、无人驾驶等。

OpenCV 还提供了机器学习模块，用户可以使用正态贝叶斯、K 最近邻、支持向量机、决策树、随机森林、人工神经网络等机器学习算法。

OpenCV 设计用于进行高效的计算，十分强调实时应用的开发。它由 C++语言编写并进行了深度优化，从而可以享受多线程处理的优势。

OpenCV 的一个目标是提供易于使用的计算机视觉接口，从而帮助人们快速建立精巧的视觉应用。

OpenCV 库包含从计算机视觉各个领域衍生出来的 500 多个函数，涉及工业产品质量检验、医学图像处理、安保、交互操作、相机校正、双目视觉以及机器人学。

因为计算机视觉和机器学习经常在一起使用，所以 OpenCV 也包含一个完备的、具有通用性的机器学习库（ML 模块）。这个子库聚焦于统计模式识别以及聚类。ML 模块对 OpenCV 的核心任务（计算机视觉）相当有用，但是这个库也足够通用，可以用于任意机器学习问题。

2.2　机器视觉与 OpenCV 发展史

2.2.1　机器视觉发展史

机器视觉（machine vision）主要用计算机模拟人的视觉功能，从客观事物的图像中提取信息，进行处理并加以理解，最终用于实际检测、测量和控制[8]。随着自动化技术的推广，机器视觉技术于 20 世纪 50 年代产生，但真正发展得益于图像处理技术的突破[9]。图像处理技术（image processing）是指用计算机图像信息进行处理的技术，主要包括图像数字化、图像增强和复原、图像数据编码、图像分割和图像识别等。1965 年，美国麻省理工学院 Roberts 通过计算机程序从数字图像中提取出诸如立方体、楔形体、菱形柱等多面体的三维结构，并对物体形状及物体的空间关系进行描述，开创了面向三维场景的立体视觉研究。20 世纪 70 年代，麻省理工学院人工智能实验室正式开设"机器视觉"课程。1977 年，Marr 提出了不同于"积木世界"分析方法的计算机视觉理论，即著名的 Marr 视觉理论，该理论在 20 世纪 80 年代成为机器视觉领域十分重要的理论框架和模式化基础。

一个典型计算机视觉系统主要包括光学成像系统、图像捕捉系统、图像采集与数字化模块、智能处理与决策模块、控制执行模块，如图 2-1 所示[10]。首先，利用光学成像系统将被测目标成像，输出图像；图像捕捉系统、图像采集与数字化模块获取图像特征并数字化，方便计算机处理；最后，智能处理与决策模块通过图像特征得到判断结果，反馈给控制执行模块，驱动相应执行件。

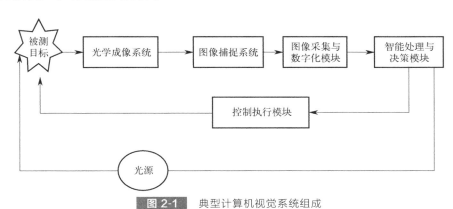

图 2-1　典型计算机视觉系统组成

计算机视觉本质上是用计算机模拟人的视觉功能，通过计算机代替人眼实现对三维世界的认识。计算机视觉是一门涉及人工智能、神经生物学、心理学、计算机科学、图像处理等多领域的学科[11]。例如，在工业应用方面，基于机器视觉的表面缺陷检测是自动化生产中产品质量保障的一个重要环节。缺陷检测指的是利用成像系统对产品瑕疵进行成像，并通过处理技术对图像处理，从而根据处理结果得到有无瑕疵、瑕疵位置坐标、瑕疵质量、瑕疵类型等信息。赵翔宇等[12]基于模板匹配的方法检测印刷品的质量，在图像预处理时引入图像归边算法，利用形态学对帧差进行处理，克服工业环境中灰尘干扰和振动干扰。孙光民等[13] 针对边缘检测、图像分块、连通域分析等进行改进，使得缺陷定位相比于传统缺陷检测算法更加准确。在医学上，医学图像中重要信息隐藏在图像边缘（例如在确定病灶大小、脏器运动情况时），因此利用机器视觉技术中的边缘检测技术提取医学图像边缘尤为重要。张经宇等[14] 基于机器视觉技术，提出边缘检测智能优化算法，在解决医学边缘检测问题上更加精细。随着机器视觉的逐步发展，其功能和应用范围也将得到完善和推广。

2.2.2　OpenCV 发展史

OpenCV 概念提出时具有以下两个目标：

① 为基本的视觉应用提供开放优化的源代码，以促进视觉研究的发展；

② 通过提供一个通用的架构来传播视觉知识，开发者可以在这个架构上继续开展工作。

以上目标使得 OpenCV 有效地避免"闭门造车"。同时，开放的源代码具有很好的可读性，并且可以根据需求改写，以符合研究人员的实际需求。因此 OpenCV 受到了企业的欢迎，更多的企业乐于将自己的研究成果上传到 OpenCV 库中，使得可移植的、性能优化的代码可自由获取。因此，OpenCV 一经推出，便受到了众多研究者的欢迎。

2000 年 6 月，OpenCV 第一个开源版本 OpenCV alpha 发布，同年 12 月针对 Linux 平台的 OpenCV beta1 发布。2006 年 10 月，OpenCV 1.0 正式发布，该版本支持 macOS 平台，其 Windows 安装包包含了 Python 模块，由于基于 C 语言接口，容易出现内存泄漏等问题。2008 年 10 月，OpenCV 1.1 Pre1 发布，Windows 包可支持 VS 2005、Python 2.6，并且支持 OpenCV 独立编译 Cmake。2009 年 9 月，OpenCV beta2.0 发布，针对 OpenCV 1.0 基于 C 语言接口容易出现内存泄漏的问题，引进了 C++接口，自动管理内存释放，开源结构被重新组织规划，优化了许多函数及外部头文件。2010 年 4 月，OpenCV 2.1 发布，支持 64 位系统，引入新的异常处理方法代替 C 风格处理方法，优化了新的测试函数。2010 年 10 月，OpenCV 2.2 发布，重新组织了库文件架构，将原先的 cxcore、cv、cvaux、highgui 和 ml 划分为 15 个新的库文件。2011 年 6 月，OpenCV 2.3 发布，修正了许多程序错误（bug），提供更多的 C++接口文件支持，重新编译生成新的 LIBS，并约定每隔 6 个月发布一个新的 OpenCV 版本。2012 年 3 月至 11 月，OpenCV 2.4x（1、2、3）发布，优化了多个函数接口，提供更多系统的支持，支持 GPU 加速，修复多个 bug。2013 年 3 月至 12 月，OpenCV 2.4x（4、5、6、7、8）发布，提供更多系统支持（Java 及 Android 接口），引进基于 OpenCL 的硬件加速模块。2014 年 4 月至 11 月，OpenCV 2.4x（9、10、11）发布，优化了 OpenCV 硬件加速模块及 CUDA（计算统一设备体系结构），引入了 VTK 3D 模块。2015 年 4 月，OpenCV 3.0 Candidate 版本（候选版本）发布，引入了新的硬件加速层模块（OpenCV HAL 模块），引入独立的 mpeg 解码器，库文件从多个合并为一个。实际上，OpenCV 3.0 Alpha 版本在 2014 年 8 月就发布了，OpenCV 3.0 的发布意味着 OpenCV 的发展进入了一个新的篇章。2018 年 11 月、2019 年 4 月、2019 年 11 月、2022 年 12 月 29 日，OpenCV 4.0.0、OpenCV 4.1.0、OpenCV 4.1.2、OpenCV 4.7.0 版本相继发布。

OpenCV 重要版本发布时间如表 2-1 所示。

时间	版本
2000 年 6 月	OpenCV alpha 3
2006 年 10 月	OpenCV 1.0
2008 年 10 月	OpenCV 1.1 Pre1
2009 年 9 月	OpenCV beta2.0
2010 年 4 月	OpenCV 2.1
2010 年 10 月	OpenCV 2.2
2011 年 6 月	OpenCV 2.3
2012 年 3 月至 11 月	OpenCV 2.4x(1、2、3)
2013 年 3 月至 12 月	OpenCV 2.4x(4、5、6、7、8)
2014 年 4 月至 11 月	OpenCV 2.4x(9、10、11)
2015 年 4 月	OpenCV 3.0 Candidate
2018 年 11 月	OpenCV 4.0.0
2019 年 4 月	OpenCV 4.1.0
2019 年 11 月	OpenCV 4.1.2
2022 年 12 月 29 日	OpenCV 4.7.0

2.3　OpenCV 的应用与前景

　　OpenCV 发展到现今，已被各领域广泛应用。例如，自动驾驶中的车道检测，首先将图像预处理，再利用 OpenCV 中的形态学处理以及检测感兴趣区（ROI）可获得分割后的车道图像，如图 2-2 所示；还可用于游戏交互、工业中产品的质检上。

(a) 原图　　　　　　　　　　　　　　(b) 车道检测图

图 2-2　车道检测前后效果图

　　OpenCV 自发布以来被广泛应用着，这些应用包括在安保业以及工业检测系统中应用，在网络产品以及科研工作中应用，在医学、卫星和网络地图中应用，在相机矫正中应用等。此外，OpenCV 还可以应用在处理声音的频谱图像上，进而实现对声音的识别。

 小结

　　OpenCV 一直以来都在图像处理领域发挥着重要作用，也是当下最热门的计算机视觉工具之一，学习 OpenCV 有助于直观了解计算机视觉领域的相关知识。OpenCV 作为一款开源的图像处理库，它强大的开发效率以及跨平台便捷性的优点，是非常值得学习和使用的。

第 3 章

OpenCV 的环境搭建

3.1 OpenCV 4.7.0 简介

图像是人类视觉的基础，同样也是我们学习 OpenCV 的基础。OpenCV 在应用领域方面有很广泛的覆盖，如：人机交互、物体识别、图像分割、人脸识别、动作识别、运动跟踪、机器人、运动分析、机器视觉、结构分析、汽车安全驾驶。认真学习好 OpenCV 能在其应用领域发挥至关重要的作用。

2022 年 12 月 29 日，OpenCV 4.7.0 版发布，带来了全新的 ONNX 层，大大提高了 DNN 代码的卷积性能[12]。

OpenCV 的使用与 BSDlicense（BSD 许可证）类似，所以对非商业应用和商业应用都是免费的。

OpenCV 提供的视觉处理算法非常丰富，并且它部分以 C 语言编写，加上其开源的特性，若处理得当，不需要添加新的外部支持也可以完整地编译链接、生成执行程序，所以很多人用它来做算法的移植。OpenCV 的代码经过适当改写可以正常地运行在 DSP 系统和 ARM 嵌入式系统中，这种移植在大学中经常作为相关专业本科生毕业设计或者研究生课题的选题。

2022 年 12 月 8 日，龙芯中科宣布 OpenCV 开源社区正式合入了对 LoongArch 架构支持的代码，基于龙架构自主指令系统，优化后的 OpenCV 性能显著提升。

3.2 安装 OpenCV 的准备工作

Anaconda 的下载：可以根据操作系统是 32 位还是 64 位选择对应的版本到官网下载，但是官网下载很慢，建议到清华大学开源软件镜像站下载，很快。

安装好之后，会出现图 3-1 所示界面，点击 Next。

然后就会出现图 3-2 所示界面，再点击 Next。

点击 Next 以后会出现图 3-3 所示画面，点击 I Agree。

安装位置默认为 C 盘，可以根据自己的需要选择安装在其他盘，如图 3-4 所示。

勾选上第一个，然后点击 Install，如图 3-5 所示。

进入下一界面，接着点击 Skip，如图 3-6 所示。

将图 3-7 中的两个√去掉，然后点击 Finish，安装完成。

图 3-1 Anaconda 安装步骤（一）

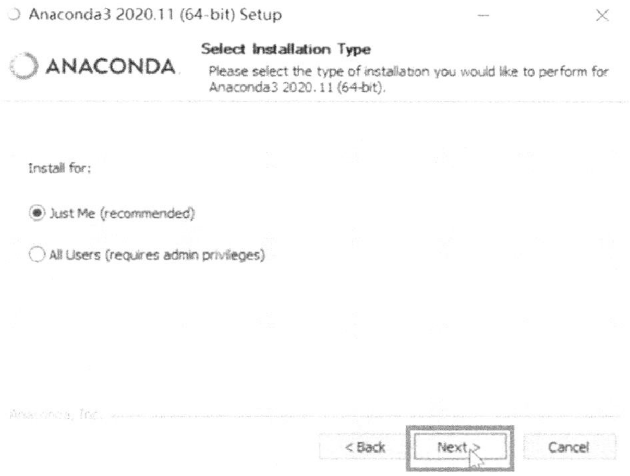

图 3-2 Anaconda 安装步骤（二）

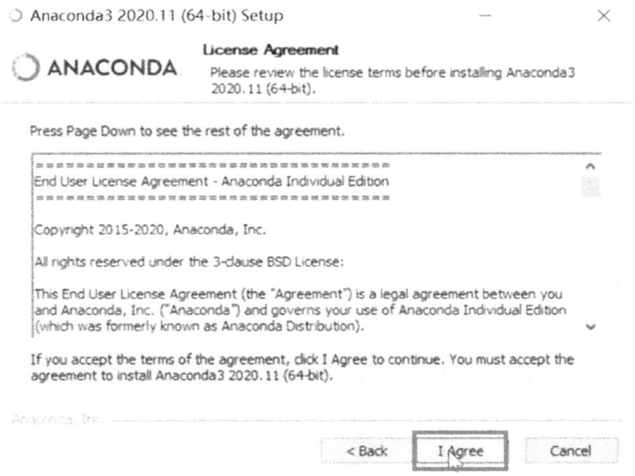

图 3-3 Anaconda 安装步骤（三）

图 3-4　Anaconda 安装步骤（四）

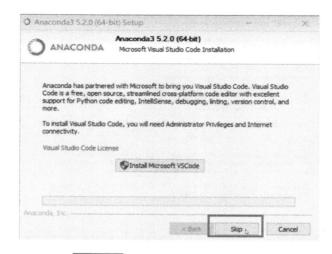

图 3-5　Anaconda 安装步骤（五）

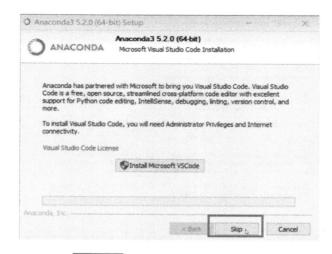

图 3-6　Anaconda 安装步骤（六）

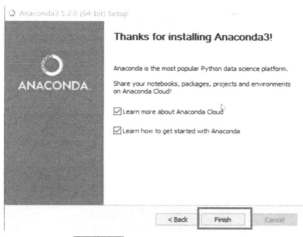

图 3-7　Anaconda 完成安装

3.3　安装步骤

搜索 anaconda，点击 Anaconda Prompt，如图 3-8 所示。

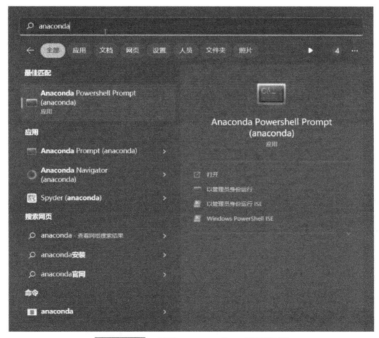

图 3-8　搜索 anaconda，打开终端

创建虚拟环境：输入命令 conda create-n（环境名称）python＝（python 版本），回车，如图 3-9 所示。

```
(base) C:\Users\DELL>conda create -n opencv python=3.10
Collecting package metadata (current_repodata.json): \ _
```

图 3-9　创建虚拟环境（一）

输入 y，回车，如图 3-10 所示。

图 3-10　创建虚拟环境（二）

进入虚拟环境：conda activate（环境名称），回车。

下载 OpenCV：conda install opencv，回车。

输入 y，回车，如图 3-11 所示，安装完成。

图 3-11　安装 OpenCV 库

3.4 安装环境配置

Anaconda 自带很多 Python 包，有了 Anaconda 就不用再对这些包进行安装了。而且在 PyCharm 中可以查看这些包，如果需要的包在系统中不存在，也可以很省心地进行包的在线下载。

接下来在 PyCharm 中导入 Anaconda：打开 PyCharm，点击 File（文件），选择 New Project（新建项目），如图 3-12 所示。

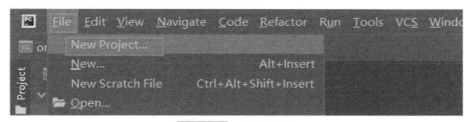

图 3-12 创建新项目

选择 Previously configured interpreter（先前配置的解释器），点击右侧 Add Interpreter（添加解释器），如图 3-13 所示。

图 3-13 添加解释器

选择 anaconda 环境，点击右侧文件夹图标，选择 conda 可执行文件，选择_conda.exe，点击 OK，如图 3-14 所示。

点击右侧 Load Environments（加载环境），接着点击 OK，如图 3-15 所示。

点击 Create（创建），如图 3-16 所示。

等待更新完成，即可看见多出许多软件包，如图 3-17、图 3-18 所示。

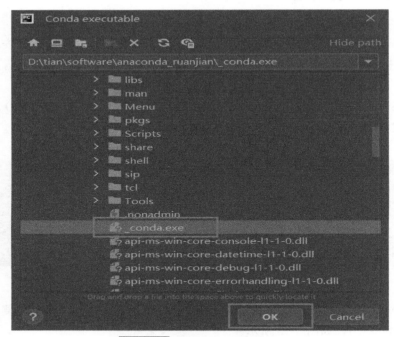

图 3-14　选择 anaconda 环境

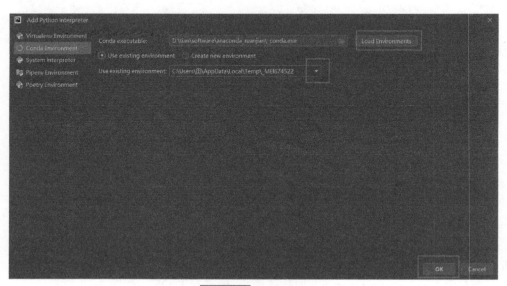

图 3-15　加载环境

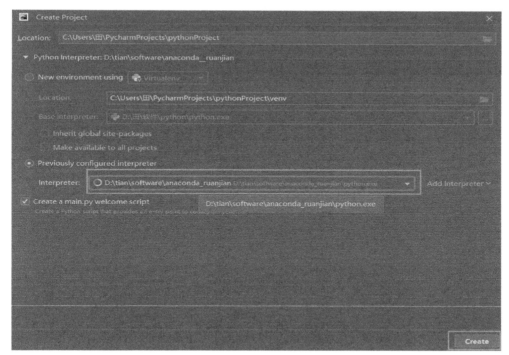

图 3-16 创建环境

图 3-17 等待更新

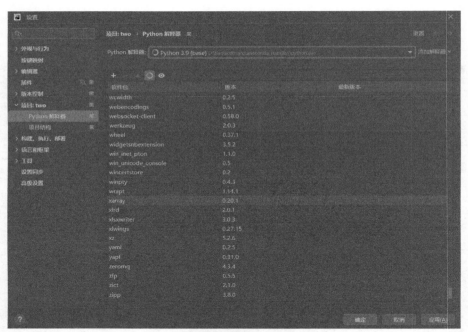

图 3-18　软件包

 小结

① 建议在速度更快的清华大学开源软件镜像站下载 Anaconda。

② 安装 OpenCV 前需要创建虚拟环境。

③ 安装新的包：

方法一：打开 Anaconda Prompt，进入到 anaconda 目录下的 Scripts 路径，输入安装命令进行安装。（不要在用户目录下进行安装，否则就会将包安装到用户目录下。）

方法二：打开 Anaconda Prompt，输入命令 conda create -n（环境名）Python =（版本）创建环境，输入命令 activate（环境名）激活虚拟环境，输入安装命令进行安装；输入 source deactivate 则退出虚拟环境；输入 conda remove -n（环境名）--all 则删除虚拟环境。

OpenCV
基础应用篇

第4章

图像与视频的读取

本章将介绍如何应用 OpenCV 库中的功能函数,实现图片、视频和摄像头画面的显示。

4.1 读取图像

读取图像、读取视频以及调用摄像头是 OpenCV 中最为基础的几项操作。OpenCV 作为一个图像处理开源库,首要的操作对象就是图像。首先来尝试对需要的图像或视频进行读取操作。图 4-1 为目标图像。

图 4-1　目标图像

读取图像之前,我们需要将一幅图像放在准备好的文件夹中,复制它的文件路径;然后,使用 OpenCV 中提供的读取图像的 imread()功能函数,将其读取到 Mat 类中;最后,通过 imshow()功能函数显示出所读取的图像,如代码清单 4-1 所示。

代码清单 4-1　读取图像代码

```
1. string path="D:/sucai/fish.jpg";
2. Mat img;
3.
4. img=imread(path);
5. imshow("fish",img);
```

由图可见，读取图像时，首先需要知道目标图像的存放路径，然后定义一个 Mat 类，用于存储读取的图像。下一步，可以使用 imread() 功能函数读取该路径，对目标图片进行读取操作，之后使用 imshow() 功能函数将图片显示出来。显示结果如图 4-2 所示。

图 4-2　显示结果

4.2　读取视频

视频的读取与图像的读取相似，不同点在于：第一，由于视频是由许多幅图像一张一张连接构成，所以不能使用 Mat 类来储存视频文件，需要使用 OpenCV 中专门用于读取视频或者摄像头中连续画面的 VideoCapture 类来储存这类文件；第二，由于视频文件或摄像头捕捉的画面都是连续出现的，所以需要构建一个循环结构以显示目标视频或摄像头捕捉的画面。

当读取完视频文件，显示视频时，需要将视频拆分成一张一张的图片的形式来进行显示，所以还需要一个 Mat 类来作为显示的中介储存，如代码清单 4-2 所示。

代码清单 4-2　读取视频代码

```
1.  void main()
2.  {
3.  string path="D:/sucai/原视频.mp4";
4.  VideoCapture cap(path);
5.  Mat img;
6.
7.  while (true)
8.  {
9.  cap.read(img);
10. imshow("视频",img);
11. waitKey(20);
12. }
13. }
```

其中，所使用的循环结构是 C 语言中的 while ( ) 循环结构，当给予 while ( ) 循环 "true" 时，便会进入一个无限循环的过程，循环过程中便会一直播放目标视频文件。

值得注意的是，OpenCV 提供了 waitKey ( ) 功能函数，无论是在读取图片还是视频文件时，都必须使用这个功能函数，否则会直接一闪而过。

4.3 调用摄像头

在 OpenCV 中对摄像头进行调用时同样也是通过使用 VideoCapture 类来存储摄像头捕捉到的画面，不过因为是调用摄像头，所以不需要文件路径的步骤，只需要打开摄像头，使其处于可以工作的状态。如代码清单 4-3 所示，代码调用的便是当前电脑自带的摄像头，默认为 "0"。

代码清单 4-3 调用摄像头代码

```
1.  void main()
2.  {
3.   VideoCapture cap(0);
4.   Mat img;
5.
6.   while (true)
7.   {
8.    cap.read(img);
9.    imshow("视频",img);
10.   waitKey(20);
11.  }
12. }
```

图 4-3 所显示的便是调用摄像头所展示的画面。

图 4-3　摄像头调用画面

4.4 功能函数

4.4.1 Mat 类对象

OpenCV 是一个计算机视觉库，其主要重点是处理和操作图像信息。因此，首先需要熟悉 OpenCV 的基本图像容器——Mat 类。图 4-4 所示是关于 Mat 类的原文解释。

```
class cv::Mat
* @brief n-dimensional dense array class \anchor CVMat_Details
The class Mat represents an n-dimensional dense numerical single-channel or multi-channel array. It
can be used to store real or complex-valued vectors and matrices, grayscale or color images, voxel
volumes, vector fields, point clouds, tensors, histograms (though, very high-dimensional histograms
may be better stored in a SparseMat ). The data layout of the array `M` is defined by the array
`M.step[]`, so tha...
```

图 4-4   Mat 类原文解释

在 OpenCV 不断更新后，现在的版本引入了 C＋＋接口，提供了一个 Mat 类用于储存矩阵数据，而且使用了自动内存管理技术，即当变量不再需要时，会立即释放内存。

Mat 类用来保存矩阵类型的数据信息，包括向量、矩阵、灰度或彩色图像等数据。Mat 类分为矩阵头和指向存储数据的矩阵指针两部分。矩阵头中包括矩阵的尺寸、储存方法、地址和引用次数等。矩阵头的大小是一个常数，不会随着矩阵尺寸变动而改变[15]。

OpenCV 包含大量图像处理函数，Mat 类的存在就使其不会直接用整个图像的矩阵尺寸，而是通过矩阵头和指针来对目标 Mat 类进行索引。图像处理的过程往往伴随着大量的计算，如果每次传递都是复制、传递整个图像数据，那么将影响到程序的运行速度，而 Mat 类的这种存储使用方式大大减少了计算机的计算量，从而提高了处理速度。

4.4.2 VideoCapture 类对象

为了能够读取并显示摄像头视频，OpenCV 提供了 VideoCapture 类。类似于 Mat 类，VideoCapture 类是将视频文件的每一帧图像保存到 Mat 类矩阵中。图 4-5 所示是这个类的原文解释。

```
class cv::VideoCapture
* @brief Class for video capturing from video files, image sequences or cameras.
The class provides C++ API for capturing video from cameras or for reading video files and image sequences.
Here is how the class can be used:
@include samples/cpp/videocapture_basic.cpp
@note In @ref videoio_c "C API" the black-box structure `CvCapture` is used instead of %VideoCapture.
@note
```

图 4-5   VideoCapture 类原文解释

VideoCapture 类是将视频文件中的每一帧图像按照顺序进行捕捉、保存，然后在 VideoCapture 类中进行调用处理；当需要使用到 VideoCapture 类保存的视频文件时，会以视频文件转为 Mat 类图像的方式进行输出。

4.4.3　读取图片、视频功能函数 "imread"

功能描述：

将图片、视频文件按照路径读取到程序中。

该函数原型如图 4-6 所示。

```
cv::Mat cv::imread(const cv::String &filename, int flags = 1)
* @brief Loads an image from a file.
@anchor imread
The function imread loads an image from the specified file and returns it. If the image cannot be
read (because of missing file, improper permissions, unsupported or invalid format), the function
returns an empty matrix ( Mat::data==NULL ).
Currently, the following file formats are supported:
- Windows bitmaps - \*.bmp, \*.dib (always supported)
- JPEG files - \*.jpeg, ...
```

图 4-6　imread 原文解释

参数释义：

参数 filename：文件名路径；

参数 flags：载入标识，它指定一个加载图像的类型，默认为 1。

其中，参数 flags 中比较常用的有 IMREAD _ GRAYSCALE，这样读入的图片直接会转化为灰度图。但是因为图像处理常常还是会根据原图来进行改变，所以一般来说 flags 参数使用得较少。

4.4.4　图片、视频和摄像头显示功能函数 "imshow"

功能描述：

将已经读取到的图片、视频和摄像头捕捉的画面，在窗口中显示出来。

该函数原型如图 4-7 所示。

```
void cv::imshow(const cv::String &winname, cv::InputArray mat)
* @brief Displays an image in the specified window.
The function imshow displays an image in the specified window. If the window was created with the
cv::WINDOW_AUTOSIZE flag, the image is shown with its original size, however it is still limited by the screen resolution.
Otherwise, the image is scaled to fit the window. The function may scale the image, depending on its depth:
- If the image is 8-bit unsigned, it is displaye...
```

图 4-7　imshow 原文解释

参数释义：

参数 winname：显示窗口的名称；

参数 mat：需要显示的输入对象。

4.4.5　图像刷新功能函数 "waitKey"

功能描述：

函数 waitKey 是一个等待按键响应的延时函数。

该函数原型如图 4-8 所示。

```
int cv::waitKey(int delay = 0)
* @brief Waits for a pressed key.
The function waitKey waits for a key event infinitely (when \f$\texttt{delay}\leq 0\f$ ) or for delay
milliseconds, when it is positive. Since the OS has a minimum time between switching threads, the
function will not wait exactly delay ms, it will wait at least delay ms, depending on what else is
running on your computer at that time. It returns the code of the pressed key or -1 if no key was
pressed before the specified...
```

图 4-8   waitKey 原文解释

参数释义：

参数 delay：延时时间，单位为 ms。当设置的延时参数 delay 大于 0 时，waitKey 函数等待参数 delay 设置的时间，若等待时间内检测到按键响应则返回按键所触发的 ASCII 值，若等待时间内没有按键响应则返回值默认为 −1；当设置的延时函数的 delay 参数等于 0 时，waitKey 函数将会无限期等待按键响应，直到检测到按键响应，返回按键所触发的 ASCII 值。

4.5   代码演示

代码清单 4-4 是显示图像的程序设计，应用了 OpenCV 中最基础的图像显示函数等，这也是最基本的图像显示应用。

代码清单 4-4   显示图像代码

```
1.  void main()
2.  {
3.    Mat img;                              //创建 Mat 类,储存目标图像
4.    string path("D:/sucai/fish.jpg");    //目标图像文件路径
5.    img=imread(path);                    //读取目标图像
6.    imshow("fish",img);                  //显示目标图像
7.    waitKey(0);                          //设置图像刷新延时
8.  }
```

代码清单 4-5 是读取视频，并显示视频画面的程序设计。这里使用了一个窗口创建功能函数 namedWindow，它可以实现创建自定义显示窗口的功能，详细的函数解析会在后面章节中提到。

代码清单 4-5   显示视频代码

```
1.  void main()
2.  {
3.    Mat img;                                    //创建 Mat 类,储存目标图像
4.    string path("D:/sucai/shipin/原视频.mp4"); //目标视频文件路径
5.    VideoCapture cap(path);                     //创建 VideoCapture 类对象,储存视频文件
6.    namedWindow("视频",0);                      //创建可调节显示窗口
```

```
7.    while (true)              //循环结构,循环显示视频每一幅(帧)画面
8.    {
9.    cap.read(img);           //读取每一幅(帧)画面
10.   //对视频读取时,判空操作
11.   if (img.empty())
12.   {
13.    break;
14.   }
15.   imshow("视频",img);        //显示视频
16.   waitKey(20);              //设置图像刷新延时
17.   }
18.   cap.release();            //释放视频内存空间
19. }
```

代码清单 4-6 是读取并显示摄像头捕捉画面的程序设计。

代码清单 4-6　显示摄像头捕捉画面代码

```
1.    void main()
2.    {
3.     Mat img;                           //创建 Mat 类储存目标图像
4.     VideoCapture cap(0);               //创建 VideoCapture 类对象,储存摄像头捕捉的画面
5.     namedWindow("摄像头",0);           //创建可调节显示窗口
6.     while (true)                       //循环结构,循环显示摄像头捕捉的每一幅(帧)画面
7.     {
8.      cap.read(img);                    //读取每一幅(帧)画面
9.      //对摄像头读取时,判空操作
10.     if (img.empty())
11.     {
12.      break;
13.     }
14.     imshow("摄像头",img);             //显示摄像头捕捉的画面
15.     waitKey(20);                      //设置图像刷新延时
16.    }
17.    cap.release();                     //释放摄像头内存空间
18. }
```

 小结

本章提供了显示图像、视频以及摄像头捕捉画面的具体操作和原理，是 OpenCV 入门所必须学习的知识。

第 5 章
图像和视频的保存

在图像处理的过程中，对于重要的图像以及视频，或者已经处理好的图像以及视频，都应该及时进行储存操作。OpenCV 库提供了保存图像和视频的功能函数，能够实现在完成一系列图像处理操作后对目标图像以及视频进行储存的功能。

5.1 保存目标图像

本节目标是要将图 4-1 按指定文件路径保存。

要保存目标图像，首先需要知道目标图像文件所处位置，以及准备保存的位置，然后通过 imread 功能函数先进行读取，再通过 imwrite 功能函数进行存储，最后通过 imshow 功能函数显示以验证是否是目标图片，具体流程如图 5-1 所示。

图 5-1　图像保存流程图

目标图像经过保存操作以后，就会在目标文件中存在了，并且是以复制备份的形式来进行保存的，在原文件夹以及目的文件夹中均存在，如图 5-2、图 5-3 所示。

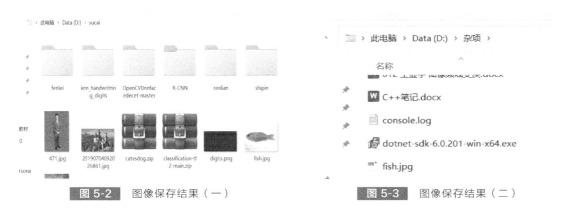

图 5-2　图像保存结果（一）　　图 5-3　图像保存结果（二）

5.2 图像保存功能函数"imwrite"

功能描述：
用于将图像保存到指定的文件，可以将目标图像保存为各种格式的图像。

该函数的原型如图 5-4 所示。

```
bool cv::imwrite(const cv::String &filename, cv::InputArray img, const std::vector<int> &params = std::vector<int>())
* @brief Saves an image to a specified file.
The function imwrite saves the image to the specified file. The image format is chosen based on the
filename extension (see cv::imread for the list of extensions). In general, only 8-bit
single-channel or 3-channel (with 'BGR' channel order) images
can be saved using this function, with these exceptions:
```

图 5-4   imwrite 原文解释

参数释义：

参数 filename：所需保存图像的文件目录和文件名；

参数 img：图像数据来源，其类型为 Mat；

参数 params：用来设置对应图片格式的参数，一般情况下不需要填写。

5.3   图像保存代码演示

代码清单 5-1 是保存图像的程序设计代码，通过 imwrite 功能函数可以将目标图像保存至指定文件中。

代码清单 5-1   图像保存代码

```
1.   void main()
2.   {
3.    Mat img;                              //创建 Mat 类储存目标图像
4.    img=imread("D:/杂项/fish.jpg");       //读取目标图像
5.    imwrite("D:/sucai/fish.jpg",img);     //保存目标图像到指定位置
6.    imshow("fish",img);                   //显示验证目标图片
7.    waitKey(0);
8.   }
```

5.4   保存目标视频

本节目标是将图 5-5 中的视频文件按指定文件路径保存。

> 此电脑 > Data (D:) > sucai > shipin

原视频.mp4

图 5-5   目标视频

保存视频与保存图像有很大区别，因为视频可以看作由一幅幅图像连续地连接而成，这导致视频的属性与图像截然不同。视频有很多的属性，如时长、分辨率、帧宽度、帧高度、帧速率等，而在使用 OpenCV 保存视频时，视频的这些属性都是需要获取的目标。

除上述的视频属性需要注意外，还应该注意保存视频的功能函数。从上面描述可知，图像应用 Mat 类储存，视频和摄像头使用 VideoCapture 类储存。同样地，保存视频的操作也与图像的不同，不是通过功能函数进行储存，而是通过 OpenCV 中专门设置的 VideoWriter 类来创建一个需要写入视频的对象，然后通过 write 功能进行储存。所以，保存视频文件的流程大致分为三步：

- 获取目标视频的属性。
- 通过 VideoWriter 类创建一个视频写入对象。
- 再通过 writer 写入需要保存的目标视频。

流程图大致如图 5-6 所示。

图 5-6 视频保存流程图

当我们完成以上的一系列流程后，就会在预定好的路径上，看见所保存的目标视频文件，如图 5-7 所示。

图 5-7 视频保存结果

5.5 视频保存功能函数

5.5.1 视频宽度属性函数"CAP_PROP_FRAME_WIDTH"

函数功能：

获取视频宽度［视频流中每一幅（帧）的图像宽度］。

该函数原型如图 5-8 所示。

```
enum cv::VideoCaptureProperties::CAP_PROP_FRAME_WIDTH = 3
!< Width of the frames in the video stream.
```

图 5-8　CAP_PROP_FRAME_WIDTH 原文解释

5.5.2　视频高度属性函数"CAP_PROP_FRAME_HEIGHT"

函数功能：

获取视频高度［视频流中每一幅（帧）的图像高度］。

该函数原型如图 5-9 所示。

```
enum cv::VideoCaptureProperties::CAP_PROP_FRAME_HEIGHT = 4
!< Height of the frames in the video stream.
```

图 5-9　CAP_PROP_FRAME_HEIGHT 原文解释

5.5.3　视频总帧数属性函数"CAP_PROP_FRAME_COUNT"

函数功能：

获取视频的总帧数属性。

该函数原型如图 5-10 所示。

```
enum cv::VideoCaptureProperties::CAP_PROP_FRAME_COUNT = 7
!< Number of frames in the video file.
```

图 5-10　CAP_PROP_FRAME_COUNT 原文解释

5.5.4　视频帧率属性函数"CAP_PROP_FPS"

函数功能：

获取视频流中的图像的帧率（每秒的帧数）。

该函数原型如图 5-11 所示。

```
enum cv::VideoCaptureProperties::CAP_PROP_FPS = 5
!< Frame rate.
```

图 5-11　CAP_PROP_FPS 原文解释

5.5.5　VideoWriter 类对象

在 OpenCV 中，可以用 VideoWriter 类实现视频"写"的相关操作。VideoWriter 有两个构造函数：一个是默认构造函数，仅仅创建一个未初始化的 VideoWriter 对象，用于之后的打开操作；另一个构造函数拥有所需要的参数，并初始化 VideoWriter 对象，包括的参数如图 5-12 所示。

```
@param filename Name of the output video file.
@param fourcc 4-character code of codec used to compress the frames. For example,
VideoWriter::fourcc('P','I','M','1') is a MPEG-1 codec, VideoWriter::fourcc('M','J','P','G') is a
motion-jpeg codec etc. List of codes can be obtained at [Video Codecs by
FOURCC] page. FFMPEG backend with MP4 container natively uses
other values as fourcc code: see [ObjectType],
so you may receive a warning message from OpenCV about fourcc code conversion.
@param fps Framerate of the created video stream.
@param frameSize Size of the video frames.
@param isColor If it is not zero, the encoder will expect and encode color frames, otherwise it
will work with grayscale frames (the flag is currently supported on Windows only).
```

图 5-12 VideoWriter 类包含的参数

参数释义：

参数 filename：输出视频文件名；

参数 fourcc：用于压缩帧的编解码器的 4 个字符代码；

参数 fps：视频流的帧速率；

参数 frameSize：视频帧的大小（宽度属性，高度属性）；

参数 isColor：布尔变量，用于判断保存的视频对象是否为彩色视频。

其中，第二个参数是编解码器代码，是使用 4 个字符表示的，在使用时也可以使用 OpenCV 中的 get() 函数来获取目标视频对象的编解码器代码。编解码器代码可以是表 5-1 中的几种字符（特别地，如果赋值"－1"，则会自动搜索合适的编解码器）。

▣ **表 5-1 编解码器**

编解码器代码	功能
VideoWriter::fourcc('D','I','V','X')	MPEG-4 编码
VideoWriter::fourcc('P','I','M','1')	MPEG-1 编码
VideoWriter::fourcc('M','J','P','G')	JPEG 编码
VideoWriter::fourcc('M','P','4','2')	MPEG-4.2 编码
VideoWriter::fourcc('D','I','V','3')	MPEG-4.3 编码
VideoWriter::fourcc('U','2','6','3')	H263 编码
VideoWriter::fourcc('I','2','6','3')	H263I 编码
VideoWriter::fourcc('F','L','V','1')	FLV1 编码

前面介绍了如何获取目标视频的基本属性，将获取的基本属性对应填入保存目标的参数里，就能对视频进行写入保存了。

使用默认构造函数创建对象后，可以使用 VideoWriter.open() 方法进行配置，参数与构造函数相同。

5.5.6 视频文件关闭释放函数"release"

函数功能：

关闭释放视频文件，避免占用过多内存。

5.6　视频保存代码演示

因为视频文件相比于图像文件要更加复杂，包含更多的属性，所以使用 OpenCV 进行视频的保存时需要先做好视频属性的采集工作，之后才能使用 VideoWriter 函数进行保存。

值得注意的是，因为保存的是视频文件，所以需要把整个保存的操作动作放在循环结构里。

代码清单 5-2 所示为视频保存代码。

代码清单 5-2　视频保存代码

```
1.   void main()
2.   {
3.    VideoCapture cap("D:/sucai/shipin/原视频.mp4");      //创建 Mat 类储存目标图像
4.   //获取目标视频宽度属性
5.    int frame_width＝cap.get(CAP_PROP_FRAME_WIDTH);
6.   //获取目标视频高度属性
7.    int frame_height＝cap.get(CAP_PROP_FRAME_HEIGHT);
8.   //获取目标视频总帧数属性
9.    int frame_count＝cap.get(CAP_PROP_FRAME_COUNT);
10.  //获取目标视频帧率属性
11.  double fps＝cap.get(CAP_PROP_FPS);
12.  //将视频各种属性保存
13.  VideoWriter wri("D:/sucai/shipin/wri.mp4",cap.get(CAP_PROP_FOURCC),fps,
Size(frame_width,frame_height),true);
14.  Mat frame;
15.  while(true)
16.  {
17.   cap.read(frame);//frame 为输出,read 是将捕获到的视频一帧一帧地传入 frame
18.   //对视频读取时,判空操作
19.   if(frame.empty())
20.   {
21.    break;
22.   }
23.   wri.write(frame);//将保存到 frame 的视频写入 wri 进行保存
24.   imshow("frame",frame);
25.   waitKey(1);
26.  }
27.  cap.release();//释放视频内存空间
28.  wri.release();
29. }
```

小结

本章提供了视频和图像保存的一系列具体操作流程。图像、视频文件的保存在图像处理工作中也是一项重要的环节。

第 6 章

图像的预处理操作

在几乎所有的图像处理项目中，对目标图像进行预处理操作都是必不可少的环节。预处理操作能够让目标图像把隐藏起来的图像特征暴露出来或者将不明显的特征区域放大化，有利于后续的图像处理工作，所以图像的预处理操作十分重要。OpenCV 提供了很多滤波器函数、颜色空间转换函数和其他功能的图像预处理函数，能够实现各种要求的图像预处理操作。

6.1 图像颜色空间转换

在图像处理中，目标图像在不同的颜色空间中往往会呈现不一样的特征。根据要求，将目标图像转换到合适的颜色空间中，会让图像处理的过程变得更加容易。OpenCV 提供了 cvtColor 功能函数，它可以实现对图像颜色空间转换的功能，根据需求来进行转换。常见的几种颜色空间转换有灰度空间转换、RGB 到 YCbCr 颜色空间的转换以及 RGB 到 HSV 颜色空间的转换。如图 6-1 所示，每个颜色空间都有其独特的颜色视觉特征，其中图像的灰度变换在图像预处理中尤其重要。

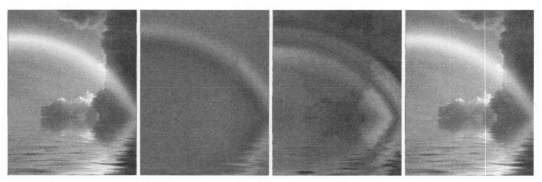

图 6-1　图像在不同颜色空间中的情况（见书后彩插）

6.1.1 图像灰度变换

在图像预处理中，图像的灰度变换是图像增强的重要手段。曝光度不足或过度，或者成像设备的非线性和图像记录设备动态范围太窄等因素，会造成对比度不足的弊病，使图像中的细节分辨不清。而灰度变换方法便可以解决这些问题。简单来说，对比度是最白与最黑亮度单位的相除值。白色越亮、黑色越暗，对比度就越高[16]。而对比度不足就会影响图像细节。灰度变换使图像对比度增强，就能减小对比度不足的问题。

本节的目标就是让图 6-2(a) 所示的目标图像转换为灰度图像，如图 6-2(b) 所示。

(a)　　　　　　　　　　　　(b)

图 6-2　灰度图像转换（见书后彩插）

灰度化原理如下。

图像灰度化处理就是将一幅彩色图像转化为灰度图像的过程。一幅图像由许许多多的像素点构成，而彩色图像就是由带有三种不同颜色分量的像素点构成的，三种颜色分量分别为 R（红色）分量、G（绿色）分量和 B（蓝色）分量。这三种颜色分量分别显示出红、绿、蓝三种颜色，控制它们在像素点中的构成便能够组成各种各样的颜色。每一种颜色分量都有 256 种级数，范围在 0~255 之间。级数越大，表明颜色越明亮，越靠近白色，像素值分量 255 就代表白色；反之，级数越小，表明颜色越黑暗，越靠近黑色，像素值分量 0 就代表黑色。而图像的灰度化就是使彩色的 R、G、B 分量相等的过程，图像灰度化的核心思想就是使得三种颜色分量的值相等。值得注意的是，在 OpenCV 中图像颜色通道分量的顺序是 B、G、R。通常来讲，图像的灰度化有以下四种方法：

第一种方法是分量法。此方法是将原本彩色图像中的三种颜色分量像素值分离出来，选取其中之一来当作灰度值，使其他两种颜色分量的像素值与之相等。其算法公式为：

$$GRAY=B, \quad R=GRAY, \quad G=GRAY$$

第二种方法是最大值法。与第一种方法类似，最大值法是选取彩色图像三种颜色分量中像素值最高的那个分量的像素值当作灰度值，并使其他两种颜色分量的像素值与之相等。其算法公式为：

$$MAX=\max\{B,G,R\}, \quad B=MAX, \quad G=MAX, \quad R=MAX$$

第三种方法是平均值法。此方法是先求取原彩色图像的三种颜色分量的像素值平均值作为灰度值，然后让三种分量与之相等。其算法公式为：

$$GRAY=(B+G+R)/3, \quad B=G=R=GRAY$$

第四种方法是加权平均值法。此方法也是最合理的图像灰度化方法，它是根据人眼对于三种颜色不同的敏感程度（对绿色的敏感度最高，对蓝色的敏感度最低）来对三种颜色

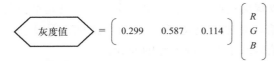

$$\text{灰度值} = \begin{bmatrix} 0.299 & 0.587 & 0.114 \end{bmatrix} \begin{bmatrix} R \\ G \\ B \end{bmatrix}$$

分量进行权重分配，然后重新组合成一个新的像素值，以此作为灰度值。其算法如图 6-3 所示。

图 6-3 用加权平均值求取灰度值算法

在 OpenCV 中，是以加权平均值的方式来对彩色图像进行灰度变换的，在实际的图像处理中也大多采用此方式。

6.1.2 颜色空间转换函数 "cvtColor"

功能描述：

颜色空间转换函数，可以将目标图像转换到不同的颜色空间（如 RGB、HSV、YCbCr 等），也是图像灰度变换的功能函数，可将图像转换到灰度空间中。

该函数原型如图 6-4 所示。

```
void cv::cvtColor(cv::InputArray src, cv::OutputArray dst, int code, int dstCn = 0)
* @brief Converts an image from one color space to another.
The function converts an input image from one color space to another. In case of a transformation
to-from RGB color space, the order of the channels should be specified explicitly (RGB or BGR). Note
that the default color format in OpenCV is often referred to as RGB but it is actually BGR (the
bytes are reversed). So the first byte in a standard ...
```

图 6-4 cvtColor 原文解释

简单来说，该函数的作用就是将图像从一个颜色空间转换到另一个不同的颜色空间中，根据不同颜色空间转换的计算公式，改变源图像三种颜色分量的像素值以及定义。

参数释义：

参数 src：输入图像；

参数 dst：输出图像；

参数 code：表示转换类型的整数代码；

参数 dstCn：输出图像通道数。

在 OpenCV 中，就是通过 cvtColor 这个功能函数对图像进行灰度变换操作的。通过调用不同的 code（代码）来实现对不同颜色空间的转换，灰度变换使用的是 "COLOR_BGR2GRAY"。表 6-1 显示的是常见的颜色空间转换代码。

▣ **表 6-1 cvtColor 转换类型表**

转换类型	代码(标识符)列举
BGR→GRAY	COLOR_BGR2GRAY
BGR→HSV	COLOR_BGR2HSV
BGR→YCbCr	COLOR_BGR2YCbCr
BGR→XYZ	COLOR_BGR2XYZ
BGR→Lab	COLOR_BGR2Lab
BGR→5X5	COLOR_BGR2BGR555、COLOR_BGR2BGR565 等
BGR→HLS	COLOR_BGR2HLS

在 OpenCV 中，颜色空间转换类型远不止列表中所列举的，还有很多颜色空间可以进行转换，可根据图像处理的不同要求进行合理的转换。

6.1.3 图像灰度变换代码演示

灰度变换在图像预处理中有着重要地位。虽然灰度变换的方式有很多，但是在 OpenCV 中只需使用 cvtColor 功能函数将目标图像转换到灰度空间中，就能实现图像的灰度变换（加权平均值法），根据需求也可以使用同样的方式转换到其他的颜色空间中。

代码清单 6-1 所示是图像灰度变换代码。

代码清单6-1 图像灰度变换代码

```
1.   void main()
2.   {
3.    Mat img,imgGray;                          //定义输入和输出 Mat 对象
4.    img= imread("D:/sucai/fish.jpg");         //读取目标文件
5.    cvtColor(img,imgGray,COLOR_BGR2GRAY);     //颜色空间转换,实现灰度变换
6.    imshow("src",img);                        //显示原图像
7.    imshow("Gray",imgGray);                   //显示输出图像
8.    waitKey(0);
9.   }
```

6.2 高斯模糊

本节将使用 OpenCV 中的高斯模糊功能函数"GaussianBlur"，对有噪声的图片进行平滑模糊（去噪）操作。

在图像处理中，常见的噪声类型包括：

高斯噪声（Gaussian noise）：一种随机噪声，其强度服从高斯分布。高斯噪声是最常见的噪声类型之一，在图像的每个像素上添加高斯噪声会导致图像变得模糊。

椒盐噪声（salt and pepper noise）：一种突发型噪声，通常表现为图像中出现黑白像素点，模拟了图像中的杂乱噪声。椒盐噪声可能导致图像中出现明显的孤立像素点。

斑点噪声（speckle noise）：一种乘性噪声，常见于雷达成像或医学图像中。斑点噪声会使图像中的细节变得模糊，降低图像质量。

水平条纹噪声（horizontal stripes noise）：这种噪声表现为图像中水平方向条纹的噪声，可能由传感器故障或信号干扰引起。

噪声抖动（noise grain）：具有类似于胶片上颗粒状噪声的效果，导致图像看起来粗糙而失真。

处理图像中的噪声对于获得清晰、高质量的图像至关重要。常用的方法包括均值滤波、中值滤波、高斯滤波等，以消除或减少不同类型的噪声对图像造成的影响。这里将主

要比较、讨论最为常见的高斯噪声和椒盐噪声。

对于高斯噪声来说，该类型噪声是一种符合高斯分布的随机噪声，其产生方式是对图像上每个像素值加上服从均值为 0 的高斯分布的随机数。高斯噪声通常表现为图像像素值的连续性变化，使图像整体呈现出轻微模糊或柔和的效果。

在频域上，高斯噪声的能量分布比较均匀。图 6-5（a）是高斯噪声在图像上的表现效果。

(a)   (b)

图 6-5   噪声在图像上的表现效果

椒盐噪声是指在图像中随机选择若干像素点，将其像素值设为最大或最小灰度级别（通常是黑色或白色），形成突发性明显噪声点。椒盐噪声通常表现为图像中出现孤立的亮或暗点，使图像看起来带有颗粒状的噪声。在频域上，椒盐噪声会引入大幅度的高频成分，导致图像频谱发生明显变化。图 6-5（b）是椒盐噪声在图像上的表现效果。

总体来说，高斯噪声主要影响图像的平滑性，而椒盐噪声则主要影响图像的突发性明显噪声点。在图像处理中，针对不同类型的噪声可以采用不同的滤波方法进行去噪处理。

以下以椒盐噪声点的图片为例，见图 6-6（a）。我们将其进行高斯模糊后得到图 6-6（b），可以明显地看到，相比原图来说，噪声点都变得更加模糊平滑，使得图中重点的人物信息更好地表现了出来。

(a)   (b)

图 6-6   高斯模糊去噪效果

在 OpenCV 的图像预处理中，应用高斯滤波进行高斯模糊也是常见的图像处理技术手段。高斯模糊可以使图像变得更加平滑，可以消除图像中的噪声。图像的模糊和平滑是同一个层面的意思，平滑的过程就是一个模糊的过程。

对图像进行去除噪声操作，就可以通过图像的模糊、平滑来实现（图像去噪还有其他的方法）。对图像的模糊平滑就是对图像矩阵进行平均的过程。相比于图像锐化（微分过程），图像平滑处理是一个积分的过程，图像平滑过程可以通过原图像和一个积分算子进行卷积来实现。

而 OpenCV 中提供了高斯模糊算子，利用高斯算子进行模糊处理就是我们常听到的高斯模糊。高斯滤波是一种线性平滑滤波，适用于消除高斯噪声，广泛应用于图像处理的减噪过程。通俗地讲，高斯滤波就是对整幅图像进行加权平均的过程，每一个像素点的值都由其本身和邻域内的其他像素值经过加权平均得到[17]。

高斯滤波的具体操作是：用一个模板（或称卷积、掩模）扫描图像中的每一个像素，用模板确定的邻域内像素的加权平均灰度值去替代模板中心像素点的值。对于参数 x、y，标准差为 σ 的高斯分布式为：

$$G(x,y) = \frac{1}{2\pi\sigma^2} e^{\frac{-(x^2+y^2)}{2\sigma^2}}$$

(6-1)

以 5×5 的高斯卷积算子为例，四舍五入后可以得到以下卷积核矩阵：

$$\begin{bmatrix} 3 & 4 & 5 & 4 & 3 \\ 4 & 6 & 7 & 6 & 4 \\ 5 & 7 & 8 & 7 & 5 \\ 4 & 6 & 7 & 6 & 5 \\ 3 & 4 & 5 & 4 & 3 \end{bmatrix}$$

但是如果直接使用上述的高斯矩阵对图像进行高斯模糊，实际上是以标准差为 2 的高斯近似算子进行卷积操作的。

6.2.1　高斯模糊函数"GaussianBlur"

功能描述：

高斯模糊的原理就是将图像中的每个像素进行加权平均，其中权重是根据高斯分布计算的。因为高斯分布具有中心对称的特性，所以高斯模糊可以有效地平滑图像，并尽可能地保留图像的细节信息。

该函数原型如图 6-7 所示。

```
void cv::GaussianBlur(cv::InputArray src, cv::OutputArray dst, cv::Size ksize, double sigmaX, double sigmaY = (0.0), int borderType = 4)
* @brief Blurs an image using a Gaussian filter.
The function convolves the source image with the specified Gaussian kernel. In-place filtering is
supported.
@param src input image; the image can have any number of channels, which are processed
independently, but the depth should be CV_8U, CV_16U, CV_16S, CV_32F or CV_64F.
@param dst output image of t...
```

图 6-7　GaussianBlur 原文解释

该函数使用 OpenCV 中的高斯滤波器卷积核对输入的图像进行卷积操作。

参数释义：

参数 src：输入图像；

参数 dst：输出图像；

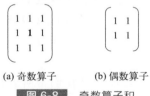

(a) 奇数算子　　(b) 偶数算子

图 6-8 奇数算子和
偶数算子比较

参数 ksize：高斯滤波器卷积核的大小；

参数 sigmaX：高斯核函数在 X 方向上的标准偏差；

参数 sigmaY：高斯核函数在 Y 方向上的标准偏差。

值得注意的是，参数 ksize 只能是正奇数，因为对图像像素进行卷积操作时，需要先选定一个中心像素值，而偶数大小的卷积核是无法确定中心像素值的。奇数算子和偶数算子的比较如图 6-8 所示（加粗的 1 为中心像素值）。

6.2.2　高斯模糊代码演示

代码清单 6-2 是高斯模糊的代码结构，使用 7×7 的高斯卷积内核进行模糊平滑处理。这里也可以选用其他大小的内核尺寸来比较图像的平滑效果。

代码清单 6-2　高斯模糊代码

```
1.   void main()
2.   {
3.    Mat img,imgGaussian;                        //定义输入和输出对象
4.    img＝imread("D:/sucai/gaussian.jpg");       //读取目标文件
5.    GaussianBlur(img,imgGaussian,Size(7,7),0);  //高斯模糊
6.    imshow("src",img);                          //显示原图像
7.    imshow("Gaussian",imgGaussian);             //显示输出图像
8.    waitKey(0);
9.   }
```

6.3　中值滤波

前面介绍的高斯滤波是线性滤波方式。由于线性滤波的结果是所有像素值的线性组合，因此含有噪声的像素也会被考虑进去，噪声不会被消除，而是以更柔和的方式存在。这时使用非线性滤波，效果可能会更好。中值滤波与前面介绍的滤波方式不同，不再采用加权求均值的方式计算滤波结果，而是用邻域内所有像素值的中间值来替代当前像素点的像素值。

在 OpenCV 中使用"medianBlur"函数来调用中值滤波，如图 6-9 所示。我们把前面提到的高斯滤波这种线性滤波作为对照组，可以看到，通过中值滤波对椒盐噪声进行去噪的效果明显更好，在中值滤波后的图像［图 6-9(c)］上几乎看不见任何的噪声点。

中值滤波的原理如图 6-10 所示。中值滤波会取当前像素点及其周围邻近像素点的像

(a)　　　　　　　　　　(b)　　　　　　　　　　(c)

图 6-9　中值滤波效果图

素值（正奇数像素矩阵，图中为 3×3 矩阵），将这些像素值排序，然后将位于中间位置的像素值作为当前像素点的像素值。原图中，中值滤波像素值按照从低到高的排序为 66、78、90、91、93、94、95、97、101，由此看出，位于中间的像素值为 93，然后就以 93 的像素值来替换当前中值滤波的中心像素值（78），如图 6-10 所示。

55	58	22	55	22	60	168	162
123	17	66	33	77	68	14	74
47	22	97	95	94	25	14	5
68	66	93	78	90	171	82	78
69	99	66	91	101	200	192	59
98	88	88	45	36	119	47	28
88	158	3	88	69	211	234	192
77	148	25	45	77	173	226	146

55	58	22	55	22	60	168	162
123	17	66	33	77	68	14	74
47	22	97	95	94	25	14	5
68	66	93	93	90	171	82	78
69	99	66	91	101	200	192	59
98	88	88	45	36	119	47	28
88	158	3	88	69	211	234	192
77	148	25	45	77	173	226	146

图 6-10　中值滤波算子计算结果

6.3.1　中值滤波函数 "medianBlur"

功能描述：

中值滤波将像素点邻域的灰度值进行排序，取中间值来代替原来的像素点的灰度值。中值滤波器是一种非线性滤波器，常用于消除图像中的椒盐噪声。

该函数原型如图 6-11 所示。

```
void cv::medianBlur(cv::InputArray src, cv::OutputArray dst, int ksize)
* @brief Blurs an image using the median filter.
The function smoothes an image using the median filter with the \f$\texttt{ksize} \times
\texttt{ksize}\f$ aperture. Each channel of a multi-channel image is processed independently.
In-place operation is supported.
@note The median filter uses #BORDER_REPLICATE internally to cope with border pixels, see #BorderTypes
@param src input 1-, 3-, or 4-channel image; when ...
```

图 6-11　medianBlur 原文解释

参数释义：

参数 src：输入图像；

参数 dst：输出图像；

参数 ksize：中值滤波核大小（大于 1 的正奇数）。

6.3.2　中值滤波代码演示

从视觉效果上来看，中值滤波在面对椒盐噪声点时有很好的平滑处理效果，使得目标图像在视觉上能够变得整洁、整体化，但是因为中值滤波的算法原理是选取算子内按从小到大排序位于中间位置的像素值作为中心像素值，所以它会忽略掉一些图像上的细节，所以在使用时需要注意一下。

代码清单 6-3 所示为中值滤波代码。

代码清单 6-3　中值滤波代码

```
1.   void main()
2.   {
3.    Mat img,imgmedian;                       //定义输入和输出对象
4.    img＝imread("D:/sucai/gaussian.jpg");    //读取目标文件
5.    medianBlur(img,imgmedian,5);             //中值滤波除去噪声点
6.    imshow("src",img);                       //显示原图像
7.    imshow("Gaussian",imgmedian);            //显示输出图像
8.    waitKey(0);
9.   }
```

6.4　边缘检测

本节将使用 OpenCV 中的边缘检测算子"Canny"函数，对目标图像进行边缘检测操作。本节将最基础的图像预处理的一般操作结合起来，具体展示预处理的最简单、最基础的流程。

Canny 边缘检测一般来说会分为以下四个步骤：

第一步，需要去除噪声点。噪声点的存在会影响边缘检测的准确性，所以首先会通过合适的滤波来对噪声点进行过滤，这也相当于对目标图像进行一次预处理。

第二步，计算目标图像的梯度的幅度与方向。以这种方法来确定图像中像素点的梯度幅值并确定像素点生成的边缘方向。

第三步，非极大值抑制，就是让确定下来的边缘更加细化。此时确定下来的边缘往往更宽，会引起边缘响应（边缘响应是指边缘的权重对于图像来说占有很大比例，导致有一些不必要的噪声点会包含进去，造成噪声点的放大）。

第四步，确定边缘。使用双阈值算法来确定边缘的像素点，将计算出来的像素点分为

强边缘像素点、弱边缘像素点以及非边缘像素点。

（1）应用高斯滤波去除图像噪声点

由于图像边缘非常容易受到噪声的干扰，因此为了避免检测到错误的边缘信息，通常需要对图像进行滤波以去除噪声。滤波的目的是平滑一些纹理较弱的非边缘区域，以便得到更准确的边缘。在实际处理过程中，通常采用高斯滤波去除图像中的噪声。

在使用高斯滤波去噪的过程中，我们通过 OpenCV 中的 GaussianBlur（）功能函数实现高斯滤波器对图像的平滑模糊（去噪）操作。高斯滤波器的内核大小也是可以进行自定义调整的，选择正确的高斯内核的大小对于边缘检测的效果提升具有很重要的作用。一般来说，会根据调试的结果，来最终决定使用的内核大小。

（2）计算梯度

梯度的方向与边缘的方向是垂直的。边缘检测算子返回水平方向的 G_x 和垂直方向的 G_y。梯度的幅度 G 和方向 θ（用角度值表示）为：

$$G = \sqrt{G_x^2 + G_y^2} \tag{6-2}$$

$$\theta = \mathrm{atan2}(G_y, G_x) \tag{6-3}$$

式中，atan2（）是一个函数。在 C 语言中，atan2（）是具有两个参数的 arctan 函数。

梯度的方向总为边缘的垂直方向，一般来说近似取值为水平（左、右）、垂直（上、下）、对角线（右上、左上、左下、右下）等 8 个不同的方向。因此，在计算梯度时，我们会得到梯度的幅度和角度（代表梯度的方向）两个值。

图 6-12 展示了梯度算法。其中，每一个梯度包含幅度和角度两个不同的值。为了方便观察，这里使用了可视化表示方法。例如，左上角顶点的值"2↑"实际上表示的是一个二元数对"（2，90）"，表示梯度的幅度为 2，角度为 90°。

2↑	3↑	2↑	2↑	5↑
3↑	2↑	9↑	6↑	2↑
4↑	8↑	6↑	3↑	3↑
7↑	2↑	2↑	2→	4↗
6↑	2↑	2←	1→	2→

图 6-12 梯度算法表示

（3）非极大值抑制

非极大值抑制（non-maximum suppression），简称为 NMS 算法。其核心思想是搜索局部区域的极大值，抑制非极大值元素。在边缘检测中，因为计算梯度得出的边缘梯度结果是比较模糊的，非极大值抑制会让检测出的边缘梯度值更加准确。在获得了梯度的幅度和方向后，遍历图像中的像素点，去除所有非边缘的点。在具体实现时，逐一遍历像素点，判断当前像素点是否是周围像素点中具有相同梯度方向的最大值，并根据判断结果决定是否抑制该点。

（4）应用双阈值确定边缘

在进行了非极大值抑制之后，剩余的梯度像素已经可以较准确地表示图像中的实际边缘了。但是，还可能仍然存在一些由于噪声和颜色变化引起的伪边缘存在。为了解决这些杂散的伪边缘响应，必须要对梯度像素再过滤一遍。

过滤的手段是用高、低阈值来过滤。就是人为设置一个高阈值、一个低阈值，保留高于高阈值的边缘像素，抑制低于低阈值的边缘像素。

如果边缘像素的值高于高阈值，将其标记为强边缘像素；如果边缘像素值小于高阈值但大于低阈值，则将其标记为弱边缘像素；如果边缘像素值小于低阈值，则会被抑制。

具体实现原理为：如果边缘像素值大于或等于最大阈值，则确定为强边缘；否则，如果边缘像素值大于或等于最小阈值，则确定为弱边缘；如果不是以上两种情况，则会被抑制。

Canny 边缘检测算子是传统边缘检测算子中最优秀的。Canny 检测基于下面三个目标：

① 低错误率：所有边缘都应该找到，并且没有虚假边缘。

② 准确地定位边缘：检测到的边缘应该接近真实的边缘。

③ 单个边缘点响应：对于边缘检测，只返回单点厚度的结果。

图 6-13 显示的是最基础的 Canny 边缘检测的结果，它是通过先将目标图像灰度化，再使用高斯滤波进行模糊平滑处理，最后使用 Canny 检测进行边缘检测得到的图像结果。其中，图（b）是在原图［图(a)］的基础上未经高斯模糊平滑图像去噪而直接进行边缘检测的结果，可以明显看到结果图上有许多噪声点，效果明显不如按照高斯去噪后边缘检测的结果［图(c)］。

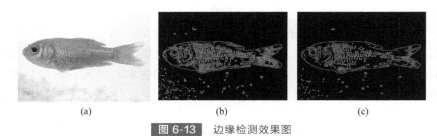

(a)　　　　　　　　　　(b)　　　　　　　　　　(c)

图 6-13　边缘检测效果图

6.4.1　边缘检测函数"Canny"

功能描述：

运用边缘检测算子对输入图像的边缘进行检测（根据设定好的最大阈值和最小阈值）并将检测到的边缘显示在输出图像上。

该函数原型如图 6-14 所示。

```
void cv::Canny(cv::InputArray image, cv::OutputArray edges, double threshold1, double threshold2, int apertureSize = 3, bool L2gradient = false)
* @brief Finds edges in an image using the Canny algorithm @cite Canny86 .
The function finds edges in the input image and marks them in the output map edges using the
Canny algorithm. The smallest value between threshold1 and threshold2 is used for edge linking. The
largest value is used to find initial segments of strong edges. See
```

图 6-14　Canny 原文解释

参数释义：

参数 image：输入图像；

参数 edges：输出（边缘）图像；

参数 threshold1：边缘检测的第一个（最小）阈值；

参数 threshold2：边缘检测的第二个（最大）阈值；

参数 apertureSize：Sobel 算子的大小（默认为 3×3）；

参数 L2gradient：计算图像梯度幅度的标识（默认为 false）。

6.4.2　边缘检测流程代码演示

OpenCV 中使用边缘检测时一般都会先对目标图像进行预处理操作，使图像中的"边缘"特征能够更好地表现出来，使得后续功能函数 Canny 的边缘检测呈现出更好的效果。代码清单 6-4 所示为边缘检测代码。

代码清单 6-4　边缘检测代码

```
1.   void main()
2.   {
3.    Mat img,imgGray,imgGaussian,imgCanny;          //定义输入和输出对象
4.    img=imread("D:/sucai/fish.jpg");               //读取目标文件
5.    cvtColor(img,imgGray,COLOR_BGR2GRAY);          //图像灰度化
6.    GaussianBlur(imgGray,imgGaussian,Size(3,3),3); //高斯模糊
7.    Canny(imgGaussian,imgCanny,25,75);   //边缘检测,最小阈值为 25,最大阈值为 75
8.    imshow("src",img);                             //显示原图像
9.    //显示输出图像
10.   imshow("Gray",imgGray);
11.   imshow("Gaussian",imgGaussian);
12.   imshow("Canny",imgCanny);
13.   waitKey(0);
14.  }
```

6.5　图像的腐蚀与膨胀

图像的腐蚀与膨胀操作均属于图像的形态学操作，而形态学操作就是指对图像的形状特征进行的一系列图像处理操作。其中，腐蚀操作与膨胀操作是最基本的形态学操作。

形态学的基本思想是利用一种特殊的结构元来测量或提取输入的图像中相应的形状或特征，以便进一步进行图像分析和目标识别。其中，结构元（structuring elements）可以是任意形状，结构元中的值可以是 0 或 1。常见的结构元有矩形和十字形。结构元有一个锚点 O，O 一般定义为结构元的中心（也可以自由定义位置）。图 6-15 所示为常见的几个结构元素，深色区域为锚点 $O^{[4]}$。

膨胀或者腐蚀操作就是将目标图像与结构元素进行卷积，卷积核（结构元素）可以是任何的形状和大小，拥有一个单独定义出来的参考点，也就是锚点。多数情况下，卷积核是一个小的、中间带有参考点且包含一个实心正方形范围或者圆盘范围的矩阵，可以把核视为模板或者掩码。

膨胀和腐蚀操作的核心内容是结构元素。一般来说，结构元素由元素为 1 或者 0 的矩阵组成。结构元素为 1 的区域定义了图像的领域，对于领域内的像素进行膨胀和腐蚀等形态学操作时要考虑结构元素的矩阵设置。

0	0	1	0	0
0	1	1	1	0
1	1	1	1	1
0	1	1	1	0
0	0	1	0	0

0	0	1	0	0
0	0	1	0	0
1	1	1	1	1
0	0	1	0	0
0	0	1	0	0

1	1	1
1	1	1
1	1	1

图 6-15　结构元素类型

膨胀就是求局部最大值的操作。卷积核（结构元素）与目标图形进行卷积，即计算卷积核覆盖的区域的像素点的最大值，并把这个最大值赋值给参考点指定的像素。这样就会使图像中的高亮区域逐渐增长。

腐蚀就是清除掉图像的一些毛刺和细节。腐蚀一般可以用来消除噪声点，分割出独立的图像元素等。其在本质上也是一种空间滤波，设定一个掩模，掩模中心逐次滑过每一个像素点，当前像素点（即掩模中心所对应的位置）的值设为掩模覆盖区域中像素的最小值。

本节将对目标图片进行膨胀和腐蚀操作，在 OpenCV 中首先通过"getStructuringElement"函数来对结构元素进行构造，再对目标图像进行灰度化［图 6-16(a)］、图像二值化［"threshold"函数，见图 6-16(b)］的操作，最后再对二值化后的图像进行膨胀［"dilate"函数，见图 6-16(c)］与腐蚀［"erode"函数，见图 6-16(d)］操作，比较操作后的图像结果。

(a)

(b)

(c)

(d)

图 6-16　膨胀腐蚀效果图

从图中可以清晰地看到，经过膨胀处理的图像亮度明显提升了很多，也就是白色区域的面积变得更多；而经过腐蚀处理后，图像中黑色的区域变得更宽，使得原有的黑色区域连通了起来。

6.5.1　图像二值化函数"threshold"

功能描述：

图像的二值化，就是将图像上的像素点的灰度值按照自定义的阈值设置为 0 或 255，也就是将整个图像转换为只有黑和白的视觉效果。

该函数原型如图 6-17 所示。

```
double cv::threshold(cv::InputArray src, cv::OutputArray dst, double thresh, double maxval, int type)
* @brief Applies a fixed-level threshold to each array element.
The function applies fixed-level thresholding to a multiple-channel array. The function is typically
used to get a bi-level (binary) image out of a grayscale image ( #compare could be also used for
this purpose) or for removing a noise, that is, filtering out pixels with too small or too large
values. There are several types...
```

图 6-17　threshold 原文解释

一幅图像包含多种信息，要想从多值的数字图像中提取出目标对象，一般采用的方法就是根据目标对象的属性设定一个阈值 T，用阈值 T 将图像的数据分成两部分：大于或等于 T 的像素群和小于 T 的像素群。然后将这两类像素群分别转换为像素值为 255 和像素值为 0 的图像，称为图像的二值化。

参数释义：

参数 src：输入图像；

参数 dst：输出图像；

参数 thresh：选定阈值；

参数 maxval：最大阈值；

参数 type：运算方法。

表 6-2 所示是 OpenCV 图像二值化可选择的运算方法。

▣ **表 6-2　二值化类型**

算法类型（algorithm type）	功能
THRESH_BINARY	大于或等于阈值的部分被置为 255，小于阈值的部分被置为 0
THRESH_BINARY_INV	大于或等于阈值的部分被置为 0，小于阈值的部分被置为 255
THRESH_TRUNC	大于或等于阈值的部分被置为 threshold，小于阈值的部分保持原样
THRESH_TOZERO	小于阈值的部分被置为 0，大于阈值的部分保持不变
THRESH_OTSU	最大类间方差法
THRESH_TRIANGLE	三角法

需要特别说明的是最后两个二值化算法，即 THRESH_OTSU 算法和 THRESH_TRIANGLE 算法，具体内容见 6.5.2 和 6.5.3 两个小节。

6.5.2　OTSU 算法

首先来看 THRESH_OTSU 算法，也就是大津法（OTSU）。这是一种确定图像二值化分割阈值的算法，由日本学者大津于 1979 年提出。从大津法的原理上来讲，该方法又称作最大类间方差法，因为该方法所确定的阈值就是使目标图像前景与背景的像素值类间方差最大。

若目标图像的灰度直方图有两个峰值，也就是前景与背景有明显区别，两者在灰度直方图上有着明显波谷的对应图像，用 OTSU 算法二值化效果比较好，而对于只有一个单峰的直方图，对应的图像分割效果没有双峰的好，所以 OTSU 更适用于有明显区分的前景色和后景色的图像，如图 6-18 所示。

(a) 前景与背景差距较大的原图像　　　　　　　(b) 根据此目标图像绘制的灰度直方图

图 6-18　目标图像与灰度直方图

图 6-19　OTSU 算法二值化效果图

由图 6-18 可以清晰地看到，直方图中前景的峰值和背景的峰值区别很大，有着明显的灰度值波谷，此时使用 OpenCV 中的 OTSU 算法进行图像的二值化，就会非常明显地区分出前景和背景。图 6-19 所示为 OTSU 算法二值化后的图片。

（1）区分前景色和后景色的阈值算法

假设一幅图像有 L 个灰度级（1，2，$\cdots$，L）。灰度级为 i 的像素点的个数为 n_i，那么总的像素点个数就应该为 $N = n_1 + n_2 + \cdots + n_L$。为了讨论方便，我们使用归一化的灰度直方图，并将归一化后的灰度直方图所显示的像素点灰度值数量分布，作为目标图像的各个灰度值的概率分布[18]：

$$p_i = n_i / N, \quad p_i \geqslant 0, \quad \sum_{i=1}^{L} p_i = 1 \tag{6-4}$$

现在假设通过一个灰度值为 k 的门限将这些像素点划分为两类：C_0 和 C_1（背景和目标，反之亦然）。C_0 表示灰度值为 1，2，$\cdots$，k 的像素点；C_1 表示灰度值为 $k+1$，$k+2$，$\cdots$，L 的像素点[18]。

（2）权重计算

以灰度值 k 区分前景色和后景色，对应的前景色权重和后景色权重为：

前景色：

$$\omega_0 = \mathrm{Pr}(C_0) = \sum_{i=1}^{k} p_i = \omega(k) \tag{6-5}$$

后景色：

$$\omega_1 = \mathrm{Pr}(C_1) = \sum_{i=k+1}^{L} p_i = 1 - \omega(k) \tag{6-6}$$

式中，ω_0 是目标图像上所有灰度值为 1，2，$\cdots$，k 的像素点出现的概率和，将它视作前景色的权重；ω_1 则为灰度值为 $k+1$，$k+2$，$\cdots$，L 的像素点在目标图像上出现的概率和，视作后景色的权重；Pr 表示平均像素值。

（3）计算平均值

前景色：

$$\mu_0 = \sum_{i=1}^{k} i \, \mathrm{Pr}(i \mid C_0) = \sum_{i=1}^{k} (i p_i / \omega_0) = \mu(k) / \omega(k) \tag{6-7}$$

后景色：

$$\mu_1 = \sum_{i=k+1}^{L} i \, \mathrm{Pr}(i \mid C_1) = \sum_{i=k+1}^{L} (i p_i / \omega_1) = \frac{\mu_T - \mu(k)}{1 - \omega(k)} \tag{6-8}$$

式中（以前景色的计算平均值公式为例），i 为像素值；p_i 为像素值为 i 的像素点出现的概率；ω_0 是整个前景色像素点出现概率的和；p_i/ω_0 就为像素值为 i 的像素点在前景色中的权重；$i p_i/\omega_0$ 就为像素值为 i 的像素点在前景色中的平均像素值；Pr 指平均像素值；μ_T 指目标图像总像素值；$\mu(k)$ 指目标图像前景色像素值；$\omega(k)$ 指目标图像前景色像素值所占权重。将所有前景色的像素值经过式（6-7）求和，得到的就是前景色的均值 μ_0；μ_1 就是以后景色像素点像素值为基础进行计算得出的后景色均值。

（4）计算方差

前景色：

$$\sigma_0^2 = \sum_{i=1}^{k} (i - \mu_0)^2 \mathrm{Pr}(i \mid C_0) = \sum_{i=1}^{k} \left[(i - \mu_0)^2 p_i / \omega_0 \right] \tag{6-9}$$

后景色：

$$\sigma_1^2 = \sum_{i=k+1}^{L} (i - \mu_1)^2 \mathrm{Pr}(i \mid C_1) = \sum_{i=k+1}^{L} \left[(i - \mu_1)^2 p_i / \omega_1 \right] \tag{6-10}$$

同样地，由式（6-7）、式（6-8）中分别得出前景色与后景色的像素值均值，同时也能得到目标图像的全局均值，即 $\mu_0 + \mu_1$，利用方差公式将像素值与各自的平均像素值代入式（6-9）、式（6-10），便得到像素方差值。

（5）计算类间方差

$$\sigma_W^2 = \omega_0 \sigma_0^2 + \omega_1 \sigma_1^2 \tag{6-11}$$

最后，为了评估用 k 作为区分前景色和后景色是否是最优点的方法，需要引入判别式分析中使用的判别式标准来测量（类的分离性测量）。我们只选择类间方差，知道了类间方差的计算方法，剩下的就是把分界点 k 从 $0 \sim 255$ 遍历一次去找到最大 k 值，就完成了 OTSU 阈值的确定。

OTSU 法被认为是图像分割中阈值选取的最佳算法，计算简单，不受图像亮度和对比度的影响，因此在数字图像处理上得到了广泛的应用。它是按图像的灰度特性，将图像分成背景和前景两部分。因方差是灰度分布均匀性的一种度量，背景和前景之间的类间方差越大，说明构成图像的两部分的差别越大。部分前景错分为背景或部分背景错分为前景都会导致两部分差别变小。因此，使类间方差最大的分割意味着错分概率最小。

6.5.3　TRIANGLE（三角法）算法

三角法求阈值最早见于 Zack 的论文 *Automatic measurement of sister chromatid exchange frequency*，主要用于染色体的研究。该方法是使用直方图数据，利用几何的方法使数据呈现三角化来寻找最佳阈值。它的算法原理是假设直方图最大波峰靠近最亮的一侧，确定最高的一点，然后根据几何三角形，连接最左边的一点作为斜边直线段，最后在构造出的三角形范围内找出距离斜边直线段最远的点的像素值作为阈值。

OTSU 法二值化图像适用于背景与前景有区别的图像，而 TRIANGLE 算法则适用于前景、背景不易区分，也就是灰度直方图为单峰的图像，此时运用 TRIANGLE 算法二值化图像的效果比较明显。图 6-20 为单峰值图片与其灰度直方图。

(a) 单峰值图片　　　　　　　　　　　　　　(b) 灰度直方图

图 6-20　单峰值图片及其灰度直方图

如图 6-20 所示，目标图像的灰度直方图呈现出明显的单峰值的情况，然后运用 TRIANGLE 三角法来二值化图像，就能得到如图 6-21 所示的效果。

可以看到，对于灰度直方图为单峰值情况下的图像，三角法也可以很好地分离出细节，如图 6-21 显示的水的波纹。尽管图像的灰度直方图呈现出单峰值的情况，但是通过三角法二值化后的图片上水的波纹，要比原图像更加直观。

三角法运算如图 6-22 所示，以直方图的最大波峰为线段的一个端点，以直方图 x 轴的最大值为线段另一个端点，连线得到一条斜线，然后在斜线范围内的直方图上的每个顶点与斜线相连接，使得 β 角成 45°，得到一条竖直的线段（图中加粗的线段），最后从竖直线段 α 角的一端向斜线作出一条垂线（长为 d），此时让垂线最长的灰度值就是我们寻找的阈值。

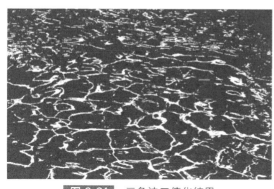

图 6-21　三角法二值化结果

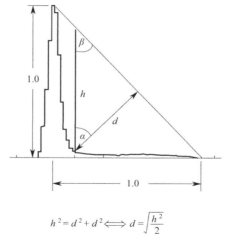

$$h^2 = d^2 + d^2 \Longleftrightarrow d = \sqrt{\dfrac{h^2}{2}}$$

图 6-22　三角法二值化数形解释

6.5.4　获取结构元素函数"getStructuringElement"

功能描述：

构造返回一个结构元素，也就是卷积核。

该函数原型如图 6-23 所示。

```
cv::Mat cv::getStructuringElement(int shape, cv::Size ksize, cv::Point anchor = cv::Point(-1, -1))
* @brief Returns a structuring element of the specified size and shape for morphological operations.
The function constructs and returns the structuring element that can be further passed to #erode,
#dilate or #morphologyEx. But you can also construct an arbitrary binary mask yourself and use it as
the structuring element.
@param shape Element shape that could be one of #MorphShapes
@para...
```

图 6-23　getStructuringElement 原文解释

返回指定大小和形状的结构（MAT 类型）元素，用于图形学操作。该函数构造并返回的矩阵可以进一步传递给 erode（腐蚀）、dilate（膨胀）等形态学操作。

参数释义：

参数 shape：结构元素（卷积核）的形状；

参数 ksize：结构元素（卷积核）的大小；

参数 anchor：锚点在元素中的位置。默认值（－1，－1）意味着锚点在中心。

值得注意的是，只有十字形元素的形状取决于锚点的位置。在其他情况下，锚点只调节形态学操作的结果被移动的程度。表 6-3 所示是 OpenCV 中的结构元素可以选择的形状。

▫ 表 6-3　内核形状

形状类型(shape type)	说明
MORPH_RECT	矩形
MORPH_CROSS	十字形
MORPH_ELLIPSE	椭圆形

6.5.5　图像的膨胀操作函数 "dilate"

功能描述：

针对某一像素点，以其为中心建立遮罩（卷积核、结构元素），遮罩（卷积核、结构元素）中的最大值赋值给该像素点，这就实现了膨胀操作。

该函数原型如图 6-24、图 6-25 所示。

```
void dilate( InputArray src, OutputArray dst, InputArray kernel,
            Point anchor = Point(-1,-1), int iterations = 1,
            int borderType = BORDER_CONSTANT,
            const Scalar& borderValue = morphologyDefaultBorderValue() );
```

图 6-24　dilate 参数解释

```
* @brief Dilates an image by using a specific structuring element.
The function dilates the source image using the specified structuring element that determines the
shape of a pixel neighborhood over which the maximum is taken:
\f[\texttt{dst} (x,y) = \max _{(x',y'): \, \...
```

图 6-25　dilate 原文解释

参数释义：

参数 src：输入图像；

参数 dst：输出图像；

参数 kernel：膨胀操作的卷积核，也就是上面所说的遮罩，也是结构元素；

参数 anchor：锚点，默认为（-1，-1），表示锚点位于结构元素中心，一般不需要编辑；

参数 iterations：迭代次数，默认为 1；

参数 borderType：推断图像外部像素的边界模式，默认为一般模式；

参数 borderValue：当边界为常数时的边界值，默认为 morphologyDefaultBorderValue()。

6.5.6　图像的腐蚀操作函数 "erode"

功能描述：

针对某一像素点，以其为中心建立遮罩（卷积核、结构元素），遮罩（卷积核、结构元素）中的最小值赋值给该像素点，这就实现了腐蚀操作。

该函数原型如图 6-26、图 6-27 所示。

参数释义：

参数 src：输入图像；

参数 dst：输出图像；

参数 kernel：腐蚀操作的卷积核，也就是上面所说的遮罩，也是结构元素；

```
void erode( InputArray src, OutputArray dst, InputArray kernel,
            Point anchor = Point(-1,-1), int iterations = 1,
            int borderType = BORDER_CONSTANT,
            const Scalar& borderValue = morphologyDefaultBorderValue() );
```

图 6-26　erode 参数解释

```
* @brief Erodes an image by using a specific structuring element.
The function erodes the source image using the specified structuring element that determines the
shape of a pixel neighborhood over which the minimum is taken:
\f[\texttt{dst} (x,y) = \min _{(x',y'): \, \tex...
```

图 6-27　erode 原文解释

参数 anchor：锚点，默认为（-1，-1），表示锚点位于结构元素中心，一般不需要编辑；

参数 iterations：迭代次数，默认为 1；

参数 borderType：推断图像外部像素的边界模式，默认为一般模式；

参数 borderValue：当边界为常数时的边界值，默认为 morphologyDefaultBorderValue()。

6.5.7　图像的膨胀与腐蚀操作代码演示

图像的形态学操作在图像处理的预处理方面发挥着重要作用，它可以放大特征或使图像细节更清晰，方便于后续的图像处理工作。

代码清单 6-5 所示为图像形态学处理代码。

代码清单 6-5　图像形态学处理代码

```
1.  void main()
2.  {
3.      Mat img,imgGray,imgThre,imgDilate,imgErode;              //定义输入和输出对象
4.      //获取结构元素,矩形,尺寸 5×5
5.      Mat kernel=getStructuringElement(MORPH_RECT,Size(5,5));
6.      img=imread("D:/sucai/fish.jpg");                         //读取目标图像
7.      cvtColor(img,imgGray,COLOR_BGR2GRAY);                    //转换为灰度图像
8.      threshold(imgGray,imgThre,140,255,THRESH_BINARY);       //图像二值化
9.      dilate(imgThre,imgDilate,kernel);                        //对二值化图像膨胀操作
10.     erode(imgThre,imgErode,kernel);                          //对二值化图像腐蚀操作
11.     //显示输出图像
12.     imshow("src",img);
13.     imshow("Gray",imgGray);
14.     imshow("Thre",imgThre);
15.     imshow("dilate",imgDilate);
16.     imshow("erode",imgErode);
17.     waitKey(0);
18. }
```

小结

　　图像的预处理操作是几乎所有图像处理工作的准备步骤。预处理操作使得源图像暴露出更多或者更加明显的特征点，让后续的图像处理工作能够更好、更快地开展，最后的图像处理效果也会进一步提高。

第7章

图像的绘制

本章将介绍图像的绘制。在图像处理中，我们会根据一些需求对目标图像进行一些标注、锁定或跟踪，这些功能往往都是通过在图像上进行绘制来实现的。OpenCV 中提供了很多图像绘制的功能函数，下面就将介绍各个图像绘制功能函数的用法。

7.1　创建、绘制自定义图像

本节将创建自定义的图像，读者可根据实际项目需求去创建图像。在这里我们将先创建一幅空白图像进行操作。

前面提到了 Mat 对象。Mat 类用来保存矩阵类型的数据信息，包括向量、矩阵、灰度或彩色图像等数据。Mat 类包含矩阵头和指向存储数据的矩阵指针两部分。矩阵头中包括矩阵的尺寸、储存方法、地址和引用次数等。矩阵头的大小是一个常数，不会随着矩阵尺寸变动而改变[15]。实际上，在 OpenCV 中，Mat 函数不仅可以定义类，还可以创建图像，类似"Mat image;"这样的语句便可以创建一个空图像（无法通过 imshow 显示出来），而接下来要创建的自定义图片如图 7-1 所示。

图 7-1　绘制结果图

我们会用到图像创建、图形的绘制以及文本绘制的功能，来实现对目标图像的创建。

首先需要做的是创建一幅空白图像（注意是空白图像而非空图像），就会用到 Mat 功能函数。这里将使用 Mat 函数的创建图像功能而非定义类的作用，不过实际上通过 Mat 函数创建出来的图像也是 Mat 类。

与使用其他 OpenCV 函数一样，我们需要在 Mat 函数中添加需要的参数以满足创建图像的要求。这里创建的是一幅包含四个参数的空白图像，包含图像大小（矩阵大小）、数据类型以及设置三通道颜色的"Scalar"函数，其中图像大小包括图像的长度和宽度。

具体来讲，将使用代码清单 7-1 所示的语句来定义所创建的空白图像。

代码清单 7-1　创建空白图像语句

```
1. Mat img(512,512,CV_8UC3,Scalar(255,255,255));
```

図 7-2　空白图像

这条语句所创建的图像有以下参数：尺寸 512×512，8 位三通道，颜色为白色。特别的颜色为：白色，Scalar（255，255，255）；黑色，Scalar(0,0,0)。创建的空白图像如图 7-2 所示。

接下来需要做的是在这幅空白图像上进行圆形、矩形以及文本的绘制。已经知道空白图像的尺寸为 512×512，所以可以确定出整幅图像的中心坐标，即（256，256），以此为中心，首先进行对圆形的绘制。

具体来讲，就是使用 OpenCV 的 "circle" 功能函数进行对圆形的绘制，如代码清单 7-2 所示。

代码清单 7-2　圆形绘制语句

```
1. circle(img,Point(256,256),155,Scalar(255,255,0),7);
```

使用这条语句，在先前一步创建的空白图像上绘制出一个圆形，如图 7-3 所示。其圆心坐标为（256,256），即整幅图像的中心位置，半径为 155，颜色为 Scalar(255,255,0)，显示为青色。

然后是矩形的绘制。使用 OpenCV 中的 "rectangle" 函数进行矩形的绘制，如代码清单 7-3 所示。

代码清单 7-3　矩形轮廓绘制语句

```
1. rectangle(img,Point(130,296),Point(382,286),Scalar(0,0,0),－1);
```

其中，Point(130,296)为所绘制矩形的左上角的角点坐标，Point(382,286)则为所绘制矩形右下角角点坐标。在绘制此处矩形时，采用了填充内部的方式，可以看到所绘制矩形为实心矩形，颜色为黑色，具体显示如图 7-4 所示。

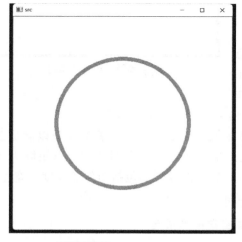

図 7-3　圆形绘制结果

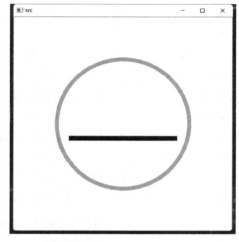

図 7-4　矩形轮廓绘制结果

最后是在图像上放置文本，使用 OpenCV 中的"putText"功能函数实现。需要注意的是，目前该功能仅支持英文字母文本，使用中文的话会出现乱码的情况，乱码显示为问号，如图 7-5 所示。图 7-5(a) 为放置中文文本的显示情况，图 7-5(b) 为放置英文文本的显示情况。

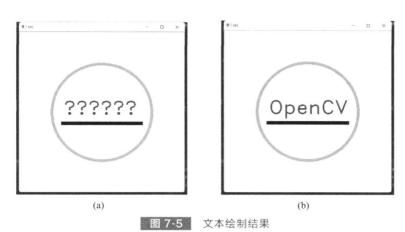

(a)   (b)

图 7-5　文本绘制结果

放置文本的具体语句如代码清单 7-4 所示。

代码清单 7-4　文本绘制语句

```
1. putText(img,"OpenCV",Point(137,262),FONT_HERSHEY_DUPLEX,2,Scalar(77,77,77),2);
```

其中，Point 的坐标为插入文本的左下角坐标。

7.2　功能函数

7.2.1　图像创建函数"Mat"

功能描述：

使用 Mat 创建图像（矩阵）。

该函数原型如图 7-6 所示。Mat 参数如图 7-7 所示。

```
Mat();

/** @overload
@param rows Number of rows in a 2D array.
@param cols Number of columns in a 2D array.
@param type Array type. Use CV_8UC1, ..., CV_64FC4 to create 1-4 channel matrices, or
CV_8UC(n), ..., CV_64FC(n) to create multi-channel (up to CV_CN_MAX channels) matrices.
```

图 7-6　Mat 原文解释

参数释义：

参数 rows：图像矩阵行数；

```
Mat(int rows, int cols, int type, const Scalar& s);
```

图 7-7　Mat 参数

参数 cols：图像矩阵列数；

参数 type：矩阵类型；

参数 Scalar：图像颜色通道。

7.2.2　圆形绘制函数 "circle"

功能描述：

在目标图像上绘制圆形。

该函数原型如图 7-8 所示。

```
void cv::circle(cv::InputOutputArray img, cv::Point center, int radius, const cv::Scalar &color, int thickness = 1, int lineType = 8, int shift = 0)
* @brief Draws a circle.
The function cv::circle draws a simple or filled circle with a given center and radius.
@param img Image where the circle is drawn.
@param center Center of the circle.
@param radius Radius of the circle.
@param color Circle color.
@param thickness Thickness of the circle outline, if positive. Negative values, lik...
```

图 7-8　circle 原文解释

参数释义：

参数 img：输入目标图像（同时也是输出图像）；

参数 center：所绘制圆形的圆心坐标；

参数 radius：所绘制圆形的半径；

参数 Scalar：所绘制圆形的颜色通道；

参数 thickness：所绘制圆形的粗细程度，默认为 1（若取－1，则整个圆形都被填充）；

参数 lineType：所绘制圆形的线条类型，默认为 8；

参数 shift：所绘制圆形的圆心坐标点和半径值的小数点位数。

7.2.3　矩形绘制函数 "rectangle"

功能描述：

在目标图像上绘制矩形。

该函数原型如图 7-9 所示。

```
void cv::rectangle(cv::InputOutputArray img, cv::Point pt1, cv::Point pt2, const cv::Scalar &color, int thickness = 1, int lineType = 8, int shift = 0)
* @brief Draws a simple, thick, or filled up-right rectangle.
The function cv::rectangle draws a rectangle outline or a filled rectangle whose two opposite corners
are pt1 and pt2.
@param img Image.
@param pt1 Vertex of the rectangle.
@param pt2 Vertex of the rectangle opposite to pt1 .
@param color Rectangle color or brightness (gray...
```

图 7-9　rectangle 原文解释

参数释义：

参数 img：输入目标图像（同时也是输出图像）；

参数 pt1：所绘制矩形左上角的角点坐标；

参数 pt2：所绘制矩形右下角的角点坐标；

参数 Scalar：所绘制矩形的颜色通道；

参数 thickness：所绘制矩形的粗细程度，默认为 1（若取－1，则整个矩形都被填充）；

参数 lineType：所绘制矩形的线条类型，默认为 8；

参数 shift：所绘制矩形的角点坐标的小数点位数。

7.2.4 文本放置函数 "putText"

功能描述：

在目标图像上放置文本文档（英文）。

该函数原型如图 7-10 所示。

```
void cv::putText(cv::InputOutputArray img, const cv::String &text, cv::Point org, int fontFace, double fontScale, cv::Scalar color, int thickness = 1, int lineType = 8, bool bottomLeftOrigin = false)
* @brief Draws a text string.
The function cv::putText renders the specified text string in the image. Symbols that cannot be rendered
using the specified font are replaced by question marks. See #getTextSize for a text rendering code
example.
@param img Image.
@param text Text string to b...
```

图 7-10 putText 原文解释

参数释义：

参数 img：输入目标图像（同时也是输出图像）；

参数 text：要添加的文本内容（英文）；

参数 org：要添加的文本内容基准点或原点坐标，是左上角还是左下角取决于最后一个参数 bottomLeftOrigin 的取值；

参数 fontFace：文本的字体类型；

参数 fontScale：文本字体相较于最初尺寸的缩放系数；

参数 Scalar：文本字体颜色通道；

参数 thickness：文本字体的粗细程度，默认为 1；

参数 lineType：文本字体的线条类型，默认为 8；

参数 bottomLeftOrigin：如果取值为 true，则 Point org 指定的点为插入文字的左上角位置；如果取值为默认值 false，则指定点为插入文字的左下角位置。

其中，参数 fontFace 可选择的类型如表 7-1 所示。

▢ **表 7-1 参数 fontFace 文本类型**

文本类型(text type)	说明
FONT_HERSHEY_SIMPLEX	正常大小, 无衬线字体
FONT_HERSHEY_PLAIN	小号, 无衬线字体
FONT_HERSHEY_DUPLEX	正常大小, 无衬线字体, 比 FONT_HERSHEY_SIMPLEX 更复杂
FONT_HERSHEY_COMPLEX	正常大小, 有衬线字体

文本类型(text type)	说明
FONT_HERSHEY_TRIPLEX	正常大小,有衬线字体,比 FONT_HERSHEY_COMPLEX 更复杂
FONT_HERSHEY_COMPLEX_SMALL	FONT_HERSHEY_COMPLEX 的缩小版
FONT_HERSHEY_SCRIPT_SIMPLEX	手写风格字体
FONT_HERSHEY_SCRIPT_COMPLEX	手写风格字体,比 FONT_HERSHEY_SCRIPT_SIMPLEX 更复杂

7.3 代码演示

OpenCV 提供了多种类型的图像绘制功能函数,并且绘制的选项可以根据需求进行自定义设置。本节使用空白图像来进行绘制结果的演示,见代码清单 7-5。

代码清单 7-5 图像绘制代码

```
1.  void main()
2.  {
3.   Mat img(512,512,CV_8UC3,Scalar(255,255,255));          //创建空白图像
4.  circle(img,Point(256,256),155,Scalar(255,255,0),7);     //圆形绘制
5.  //矩形绘制
6.  rectangle(img,Point(130,296),Point(382,286),Scalar(0,0,0),−1);
7.  //文本放置
8.  putText(img,"OpenCV",Point(137,262),FONT_HERSHEY_DUPLEX,2,Scalar(77,77,77),2);
9.  imshow("src",img);                                      //显示输出图像
10. waitKey(0);
11. }
```

 小结

本章提供了 OpenCV 中在图像上进行绘制的功能函数。绘制功能一般来说能够起到标注、区分的作用,在不同的工作状况下应用不同类型的绘制功能函数。绘制功能应用广泛,在图像处理中十分实用。

A OpenCV
进阶篇

第8章

获得翘曲图片

本章将以复现实际案例的形式来讲解翘曲图片的图像处理操作。图片翘曲在实际项目中应用十分广泛，本章案例中会结合之前章节中提到的各种功能函数，目的是使读者熟练掌握 OpenCV 基础功能函数的综合应用。

8.1 目标图像

本章目标是将图 8-1 中牌桌上的扑克牌单独翘曲出来。本章仅在已知目标相关坐标的条件下进行翘曲操作，这种技术可以用于实际的文档扫描，开发能够实际检测到纸张的应用程序。本书后面将更细致地分析，在坐标未知时如何翘曲目标对象也会在后文（第 13 章）提到。

图 8-1　目标图像

翘曲图片的整个流程大致分为两个步骤：第一步，获取图片中目标的相关坐标；第二步，对图片进行翘曲（透视变换）。获得翘曲（透视变换）图片的具体流程如图 8-2 所示。

本章中，获取的目标是扑克牌"K"。由图片可见，它是标准的矩形形状，我们只需要获取它矩形轮廓上的四个角点坐标，便能将整个"K"牌完整翘曲（透视变换）出来。

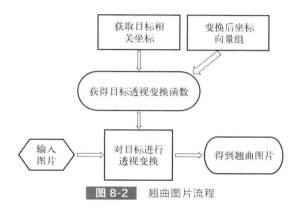

图 8-2　翘曲图片流程

8.2　获得目标像素点坐标

关于"K"牌矩形轮廓角点获取，我们可以将目标图片在画图软件中打开，画图软件的左下角会显示鼠标所在位置的像素点坐标值（图 8-3、图 8-4），我们便可以依次将四个角点的像素点坐标记录下来。需要注意的是，此时显示的是像素点坐标的值，而不是像素值。

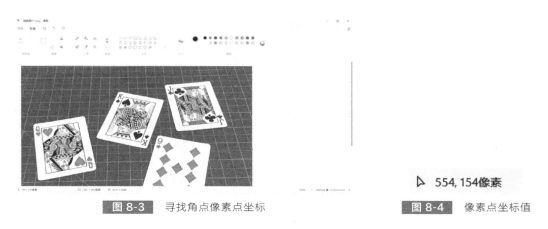

图 8-3　寻找角点像素点坐标　　　　　　　　图 8-4　像素点坐标值

记录下来的像素点坐标值，使用浮点数进行存储，因为后续使用的 getPerspectiveTransform（获得透视变换矩阵）函数的参数要求以浮点数来进行输入调用。

8.3　创建结果像素点坐标

本章另外一个重点部分就是对于变换后的坐标点的使用。由于 getPerspectiveTransform（获得透视变换矩阵）函数是以矩形条件目标来进行调用的，所以变换后我们所使用的坐标点也应该是矩形的四个角点坐标。一一对应记录下来的原图像四个角点坐标，从第"0"点到第"3"点，如图 8-5 所示。

所以变换后的坐标点就应该依次为（0.0f，0.0f）（width，0.0f）（0.0f，height）（width，height）这四个点。因为使用的是双精度浮点数的定义方式，所以坐标以双精度浮点数的形式来表示。由于变换后的扑克牌是规则放置的矩形形状，所以四个角点坐标有一定的位置关系，如图 8-6 所示。当我们确定第 "0" 点时，剩下的三个角点坐标也随之确定下来，因为变换后的矩形宽度和高度都是由我们自己根据需要来定义的。

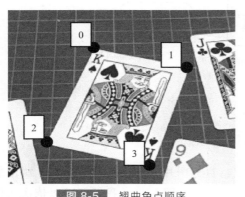

图 8-5　翘曲角点顺序

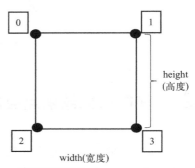

图 8-6　图像翘曲位置关系

8.4　获得图像透视变换矩阵

当完成了目标矩形角点坐标的获取以及变换后矩阵角点坐标的定义，接下来就需要调用 OpenCV 库中的 "getPerspectiveTransform" 函数。我们只需要将目标矩形角点坐标以向量组的形式作为输入，将变换后矩阵角点坐标以向量组的形式作为第二个输入，经过 "getPerspectiveTransform" 函数处理之后就会得到一个所需要的透视变换矩阵。

8.5　图像透视变换

图 8-7　翘曲结果

最后使用 OpenCV 库中的 "warpPerspective" 函数，对目标矩形图像进行翘曲，就可以得到目标对象进行翘曲之后的结果，如图 8-7 所示。

本节主要用到了图像透视变换功能。透视变换在图像还原上的应用很广泛，它是将成像投影到一个新的视平面。比如，两个摄像头在不同的角度对同一物体进行拍照，物体上的同一个点在两张照片上的坐标是不一样的，为了实现两张图片中同一个点的对应关系映射，就需要透视变换功能。下面介绍透视变换中所用到的两种函数。

8.5.1 获取透视变换矩阵函数 "getPerspectiveTransform"

功能描述:

用四对对应点来计算透视变换矩阵。

该函数原型如图 8-8 所示。

▲ 1 个(共 2 个) ▼ cv::Mat getPerspectiveTransform(cv::InputArray src, **cv::InputArray dst**, int solveMethod = 0)
    * @brief Calculates a perspective transform from four pairs of the corresponding points.
    The function calculates the \f$3 \times 3\f$ matrix of a perspective transform so that:
    \f[\begin{bmatrix} t_i x'_i \\ t_i y'_i \\ t_i \end{bmatrix} = \texttt{map_matrix} \cdot \begin{bmatrix} x_i \\ y_i \\ 1 \end{bmatrix}\f]
    where
    \f[dst(i)=(x'_i,y'_i), src(i)=(x_i, y_i), i=0,1,2,3\f]
    @param src Coordinates of quadrangle vertices in the source image.
    @param dst Coordinates of the corresponding quadrangle vertices in the destination image.
    @param solveMethod method passed to cv::solve (#DecompTypes)

图 8-8　getPerspectiveTransform 原文解释

参数释义:

参数 src:源图像四边形顶点坐标。

参数 dst:目标图像对应的四边形顶点坐标。

参数 solveMethod:传递给 "cv::solve (≠ DecompTypes)" 的计算方法,默认是 DECOMP_LU。

8.5.2 透视变换函数 "warpPerspective"

功能描述:

通过透视矩阵把透视变换应用到一个图像上。

如果指定 CV_WARP_INVERSE_MAP,函数 "warpPerspective" 使用下式矩阵形式转换源图像:

$$\mathrm{dst}(x,y)=\mathrm{src}\left(\frac{M_{11}x+M_{12}y+M_{13}}{M_{31}x+M_{32}y+M_{33}},\frac{M_{21}x+M_{22}y+M_{23}}{M_{31}x+M_{32}y+M_{33}}\right) \tag{8-1}$$

式中,M_{ij} 是矩阵 $\boldsymbol{M}$ 中 i 行 j 列的元素;src( ) 表示目标原图像矩阵;dst( ) 表示经过矩阵变换后的图像矩阵。

如果不指定函数使用类型,"warpPerspective" 将会把原图像矩阵进行矩阵翻转,得到原图像的翻转矩阵,再使用这个翻转矩阵充当公式中的转换矩阵 $\boldsymbol{M}$。

该函数原型如图 8-9、图 8-10 所示。

```
void warpPerspective( InputArray src, OutputArray dst,
                      InputArray M, Size dsize,
                      int flags = INTER_LINEAR,
                      int borderMode = BORDER_CONSTANT,
                      const Scalar& borderValue = Scalar());
```

图 8-9　warpPerspective 参数解释

图 8-10　warpPerspective 原文解释

参数释义：

参数 src：输入图像。

参数 dst：输出图像。

参数 M：3×3 的转换矩阵。

参数 dsize：输出图像的尺寸，具有和源图像（输入图像）相同类型尺寸。

参数 flags：插值方法的组合［INTER_LINEAR（双线性插值）］或［INTER_NEAREST（最近邻插值）］和可选的标志 WARP_INVERSE_MAP。此处不同的参数 flags 将设置不同类型的 M 用于反转转换（dst→src）。

参数 borderMode：像素外推方法［♯BORDER_CONSTANT（指定常数填充），或 ♯BORDER_REPLICATE（复制边缘像素填充）］。

参数 borderValue：固定边缘情况下使用的值，缺省是 0。

8.6　案例优化

前面提到通过 Windows 系统自带的画图软件来确定目标像素点坐标，但依靠鼠标移动来选择像素坐标，选择的像素坐标结果可能不够准确。本节就通过绘制图形的方式来验证所选择的像素点的坐标是否准确。

通过编写一个循环结构去遍历所获得的像素点坐标，然后通过圆圈在像素点的位置覆盖标记，以检视我们选择的像素点坐标是否准确，最后为每个像素点标记上对应的序号。图 8-11 为结果展示。

图 8-11　角点排序

图 8-11 中，"K"牌四个角的圆点便是所选择的像素点坐标具体位置，可以根据翘曲

结果以及原图进行对比，判断选择的像素点坐标是否足够准确。值得注意的是，此优化方案的循环结构必须设置在翘曲图片功能之后，否则翘曲结果会将标记的圆点和数字一并翘曲，影响结果。

8.7 代码演示

使用 OpenCV 进行图片翘曲，最需要注意的地方是寻找图像中目标角点的环节。本章仅在目标区域为矩形的情况下进行翘曲，现实中图像处理项目的目标形状会更为复杂，相应的图像处理操作环节也会更多。在此案例中，需要掌握的是翘曲图片时大致的流程结构，对应的程序代码如代码清单 8-1 所示。

代码清单 8-1　获得翘曲图片代码

```
1.   Mat img,matrix,imgwarp;//定义输入
2.   float width=250,height=350;
3.
4.   void main()
5.   {
6.    img=imread("D:/sucai/翘曲图片.png");                   //读取目标图像
7.    Point2f src[4]={ {553,157},{804,204},{426,418},{704,481}};   //目标像素点获取
8.    //创建变换后像素点坐标
9.    Point2f dst[4]={ {0.0f,0.0f},{width,0.0f},{0.0f,height},{width,height}};
10.  matrix=getPerspectiveTransform(src,dst);              //获得透视变换矩阵
11.  warpPerspective(img,imgwarp,matrix,Size(250,350));     //透视变换
12.  for (int i=0; i<4;i++)        //准确性验证
13.  {
14.   circle(img,src[i],7,Scalar(255,0,0),FILLED);
15.   putText(img,to_string(i),src[i],FONT_HERSHEY_PLAIN,4,Scalar(0,0,255),3);
16.  }
17.  imshow("src",img);                                   //显示输出图像
18.  imshow("imgwarp",imgwarp);
19.  waitKey(0);
20. }
```

 小结

本章使用翘曲扑克牌的案例来进行 OpenCV 图像处理过程演示，实际过程会涉及具体项目的一些细节问题，在上文中都进行了仔细分析。这些细节的问题在其他类似项目中也会出现，所以本章的案例是比较重要的。

第9章
几何形状检测

9.1 目标图像

本章目标是将图 9-1 中所有形状检测、识别出来，并为每个形状的图形标记上相应正确的标识。这在工业领域十分常见，特别是在零件缺陷检测方面有着重要应用。

几何形状检测采取的流程一般为：

首先，对目标图像进行预处理操作，使得所需的图像特征更加明显；

然后，构建一个检测识别图形形状（轮廓）的功能模块；

最后，显示检测识别结果。

流程中最核心也是最困难的部分是第二步，即构建检测识别模块。这个模块要包含对目标图像中的形状进行检测、对检测到的形状轮廓进行标记、对检测到的形状进行判断、对相应的形状进行标识。具体如图 9-2 所示。

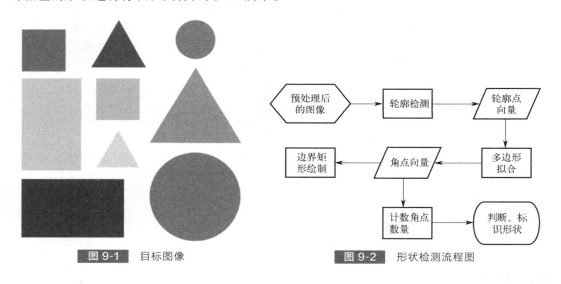

图 9-1 目标图像   图 9-2 形状检测流程图

9.2 图像的预处理

前面的章节介绍了如何对图像进行预处理，以及各种预处理操作。本章中，在进行轮廓形状检测之前，必须先将轮廓形状的特征更好地展现出来，所以我们需要进行的思考是：需要什么样的特征来描述轮廓形状？

关于 OpenCV，前面已经介绍过边缘检测，而在轮廓形状检测中，便可以使用边缘检测的功能来实现对轮廓形状的检测。主要思路是，先使用"Canny"边缘检测器来检测轮廓的边缘，进而得到每个形状的边缘轮廓，最后得到每个边缘轮廓的角点数量以及坐标。

具体来讲，我们进行预处理，首先是对目标图像灰度化，然后进行高斯模糊和边缘检测，最后使用膨胀操作让边缘轮廓更加明显。图像灰度化与去噪如图 9-3 所示。

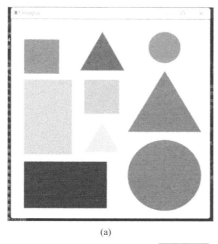
(a)

(b)

图 9-3　图像灰度化与去噪

图 9-3(a)、(b) 分别是原图像经过灰度化、高斯模糊（去噪）之后的结果。

图 9-4(a)、(b) 分别是将高斯模糊后的图像进行边缘检测、膨胀操作之后的结果，我们可以清晰地看到，经过膨胀操作的边缘轮廓变得更加明显。更加重要的一点是，将边缘检测后的图像放大来看，会发现它们的边缘轮廓不是连续的线，而是断断续续的点，如图 9-5 所示，并且未经膨胀操作的三角形的顶点出现了断开的间隙，这对于之后的检测会造成一定影响。

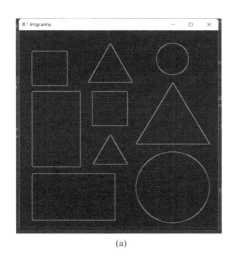
(a)

(b)

图 9-4　图像形态学操作

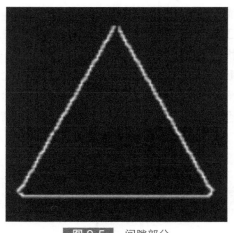

图 9-5　间隙部分

9.3　构建检测识别模块

9.3.1　形状轮廓检测标记功能

在先不准确识别的情况下，需要将每一个形状先从目标图像上找出来。使用 OpenCV 中的"findContours"功能函数找到目标图像中的每一个形状轮廓，然后使用"rectangle"矩形绘制函数将检测到的形状用矩形框出来，如图 9-6 所示。

由图 9-6 可知，目标图像中每一个形状都被很好地检测出来且被矩形框锁定住了。使用"rectangle"将所有形状边缘用矩形框框住，为了实现边缘框住这一要求，就必须先确定所有形状的角点坐标。

首先用到的是 OpenCV 中"findContours"功能函数，该函数将会寻找到目标图像中所有图形的轮廓。它找到的这些轮廓将以点向量的形式进行保存，而这个向量又是由一组一组的点向量组成，由此便可获取到其中重要的轮廓角点坐标，在后面函数解析时将详细说明。

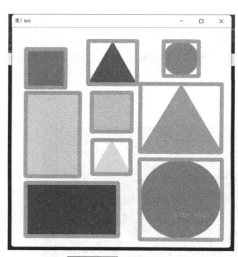

图 9-6　确定目标

关于"findContours"功能函数的查找形状轮廓功能，用 OpenCV 中的"drawContours"功能函数进行验证，或者说具体化，将"findContours"中找到的轮廓绘制出来，如图 9-7 所示。

当通过"findContours"功能函数找到各个形状的轮廓坐标点后，接下来需要做的是用矩形框将每个形状检测锁定，这其实是一个将每个形状的最边缘的坐标点形成的边界矩形给绘制出来的过程。

绘制边界矩形时，需要用到图形形状边缘的点坐标。通过"findContours"功能函数，找到了所有的图形形状边缘的点坐标，但数量过于庞大，只需要选取其中几个合适的点坐标便可以进行绘制。所以，需要将图形形状边缘进行一次拟合，用一条顶点较少的多折线或多边形，来以指定的精度去近似图形形状边缘。

OpenCV 提供了"approxPolyDP"功能函数，可以进行多边形拟合操作，用 Douglas-Peucker 算法以指定好的精度进行多边形拟合，得到一条顶点更少的封闭折线来近似原本的多边形图形。以此，便可以将图形形状边缘轮廓坐标点数量缩小，得到合适的图形形状边缘坐标点。将其绘制出来，如图 9-8 所示。

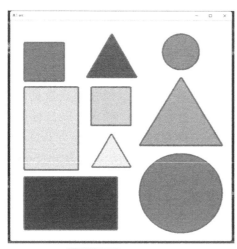

图 9-7　轮廓绘制　　　　　　　　　图 9-8　多边形拟合结果

图 9-8 中，矩形和三角形因为角点明显且数量较少，所以拟合结果不明显，但是通过圆形可以看到，"approxPolyDP"功能函数将圆形轮廓坐标点拟合为了一个有 8 个顶点的封闭多顶点折线。然后使用"boundingRect"函数得到包覆此轮廓的最小正矩形，最后通过"rectangle"函数将这个矩形绘制出来。

前面提到了 Douglas-Peucker 算法，其原理是：在多边形曲线的起点 A 和终点 F 之间画一条直线段 AF，是曲线的弦；然后寻找曲线上离该直线段距离最大的点 C，计算其与 AF 的距离 D_C；接着比较距离 D_C 与设定的阈值，如果小于设定的阈值，则该直线段作为曲线的近似，该段曲线处理完毕，反之，如果距离 D_C 大于设定的阈值，则以 C 点为界将曲线 AF 分为两段，即 AC 和 BC，并分别对这两段进行以上步骤的处理；最后，当所有曲线都处理完毕时，依次连接所有分割点，形成的折线作为曲线的近似[19]。拟合过程如图 9-9 所示。

9.3.2　形状轮廓判断标识功能

锁定好所有的图形后，接下来就是对所有的图形形状进行判断。在之前的 OpenCV 图像操作中，使用了"approxPolyDP"多边形拟合功能，将图形都用多顶点封闭折线给拟合近似出来了，这里可以利用这一步操作中得到的顶点进行图形形状的判断操作。

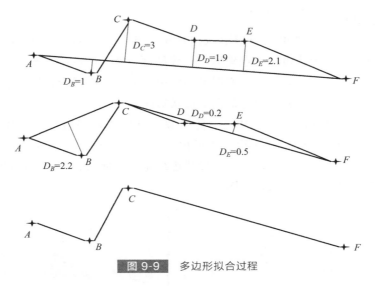

图 9-9　多边形拟合过程

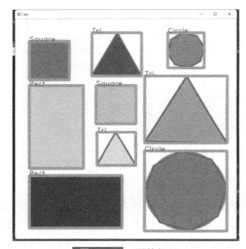

图 9-10　形状标识

如图 9-10 所示，可以通过顶点数量的多少来对图形形状进行判断、标识。以目标图像为例，拥有三个顶点的便是三角形（Tri），有四个顶点的便是矩形或正方形（Rect/Square），拥有大于四个顶点的判断为圆形（Circle）。

具体来讲，通过"approxPolyDP"多边形拟合功能操作，会得到拟合后的多折线顶点向量组集合。类似于"findContours"功能函数找到各个形状的轮廓坐标点，"approxPolyDP"进行多边形拟合后输出的也是一组一组的点向量组成的向量组。由此，便可以通过这个向量组的大小来判断有几个角点坐标，进而判断出图形形状。

判断出图形形状后，只需设置一个字符向量，根据当前检测判断出的形状来放置不同的图形形状文本进行标识。标识位于用来锁定的边界矩形框的左上角。

9.4　功能函数

9.4.1　轮廓查找函数"findContours"

功能描述：

在目标图像中，查找图像中的轮廓形状，并输出其轮廓的点坐标向量组。

该函数原型如图 9-11 所示。

void cv::findContours(cv::InputArray image, cv::OutputArrayOfArrays contours, cv::OutputArray hierarchy, int mode, int method, cv::Point offset = cv::Point())
* @brief Finds contours in a binary image.
The function retrieves contours from the binary image using the algorithm @cite Suzuki85 . The contours
are a useful tool for shape analysis and object detection and recognition. See squares.cpp in the
OpenCV sample directory.

图 9-11　findContours 原文解释

参数释义：

参数 image：输入目标图像；

参数 contours：输出目标图像中形状的轮廓点坐标向量组；

参数 hierarchy：图像轮廓的层级；

参数 mode：轮廓的检索模式；

参数 method：轮廓的近似方法；

参数 offset：轮廓点的偏移量。

其中，需要解释的是参数 hierarchy。它是一个类型为 vector<Vec4i>的变量，其意义是定义了一个矩阵向量，向量内每一个元素包含 4 个 int（整型）变量。向量 **hierarchy** 内的元素和轮廓向量 **contours** 内的元素是一一对应的。**hierarchy** 向量内每一个元素的 4 个 int（整型）变量 hierarchy$[i][0]$～hierarchy$[i][3]$，分别表示第 i 个轮廓的同级后一个轮廓、同级前一个轮廓、子级轮廓（内嵌轮廓）、父级轮廓的索引编号。如果当前轮廓没有对应的同级后一个轮廓、同级前一个轮廓、子级轮廓或父级轮廓的话，则 **hierarchy** 向量内所对应的整型变量 hierarchy$[i][j]$ 相应值被设为 -1。

参数 mode 的几种检索模式如表 9-1 所示。

▣　**表 9-1　参数 mode 的检索模式**

模式类型（mode type）	说明
CV_RETR_EXTERNAL	只检测外轮廓
CV_RETR_LIST	检测的轮廓不建立等级关系，都是同级。不存在父级轮廓或内嵌轮廓
CV_RETR_CCOMP	建立两个等级的轮廓。上面一层为外边界，下面一层为内孔的边界信息
CV_RETR_TREE	建立一个等级树结构的轮廓

参数 method 的几种链近似方法如表 9-2 所示。

▣　**表 9-2　参数 method 的链近似方法**

方法类型（method type）	说明
CV_CHAIN_APPROX_NONE	存储所有的轮廓点，相邻的两个点的像素位置差不超过 1
CV_CHAIN_APPROX_SIMPLE	压缩水平方向、垂直方向、对角线方向的元素，只保留该方向的终点坐标。例如，一个矩形轮廓只需四个点来保存轮廓信息
CV_CHAIN_APPROX_TC89_L1	使用 teh-Chinl chain 近似算法
CV_CHAIN_APPROX_TC89_KCOS	使用 teh-Chinl chain 近似算法

选择 mode 参数时，通常情况下使用 CHAIN_APPROX_SIMPLE 即可，因为它会压缩轮廓但不会丢失关键信息。如果需要更精确的轮廓表示，可以选择 CHAIN_APPROX_NONE。

进一步说，参数的选择中要根据特定应用需求选择合适的 method 参数和 mode 参数。

通常来说，在进行图像处理时的一般步骤是先使用默认参数 RETR_EXTERNAL 和 CHAIN_APPROX_SIMPLE，然后根据实际需求和希望获得的轮廓信息和内存效率，选择适当的组合。

9.4.2　弧长计算函数 "arcLength"

功能描述：

它是用来计算曲线弧长的函数，可以用于计算在图像中曲线的真实长度，如轮廓的长度。在使用时，用户需要提供一个曲线的相关坐标，以及一个布尔值（表示是否闭合），然后该函数返回曲线的弧长。

该函数原型如图 9-12 所示。

```
double cv::arcLength(cv::InputArray curve, bool closed)
* @brief Calculates a contour perimeter or a curve length.
The function computes a curve length or a closed contour perimeter.
@param curve Input vector of 2D points, stored in std::vector or Mat.
@param closed Flag indicating whether the curve is closed or not.
```

图 9-12　arcLength 原文解释

参数释义：

参数 curve：输入的点向量（轮廓顶点）；

参数 closed：用于判断曲线是否封闭的标识符，一般设置为 true。

对于 arcLength 函数，比较重要的就是 closed 参数。在对一个轮廓进行筛选的时候，若其所处环境使得在图像处理时必定会有闭合轮廓，则可以事先对该轮廓的原物体进行判断。例如，物体的颜色和背景差异很大的时候，将 closed 参数设置为 True，可以排除很多其他轮廓的干扰。

在知道了 arcLength 函数之后，就可以通过 for 循环来遍历所有轮廓，将最大的轮廓保留下来。

9.4.3　多边形拟合函数 "approxPolyDP"

功能描述：

用于对图像轮廓点进行多边形拟合，使用 Douglas-Peucker 算法求得一条顶点较少的多折线/多边形、以指定的精度近似输入的曲线或多边形。

该函数原型如图 9-13 所示。

```
void cv::approxPolyDP(cv::InputArray curve, cv::OutputArray approxCurve, double epsilon, bool closed)
* @brief Approximates a polygonal curve(s) with the specified precision.
The function cv::approxPolyDP approximates a curve or a polygon with another curve/polygon with less
vertices so that the distance between them is less or equal to the specified precision. It uses the
Douglas-Peucker algorithm <http://en.wikipedia.org/wiki/Ramer-Douglas-Peucker_algorithm>
@param curve Input vector o...
```

图 9-13　approxPolyDP 原文解释

参数释义：

参数 curve：输入点向量集合；

参数 approxCurve：输出点向量集合，表示拟合后曲线或多边形的点向量集合；

参数 epsilon：指定的近似精度，即原始曲线与近似曲线之间的最大距离；

参数 closed：闭合标志。True 表示多边形闭合，False 表示多边形不闭合。

9.4.4　边界矩形函数"boundingRect"

功能描述：

从点向量集合中得到包覆此点向量集合轮廓的最小正矩形。

该函数原型如图 9-14 所示。

```
cv::Rect cv::boundingRect(cv::InputArray array)
* @brief Calculates the up-right bounding rectangle of a point set or non-zero pixels of gray-scale image.
The function calculates and returns the minimal up-right bounding rectangle for the specified point set or
non-zero pixels of gray-scale image.
@param array Input gray-scale image or 2D point set, stored in std::vector or Mat.
```

图 9-14　boundingRect 原文解释

参数释义：

参数 array：输入点向量集合矩阵。

9.4.5　轮廓绘制函数"drawContours"

功能描述：

用于画出图像的轮廓。

该函数原型如图 9-15 所示。

```
void drawContours( InputOutputArray image, InputArrayOfArrays contours,
                   int contourIdx, const Scalar& color,
                   int thickness = 1, int lineType = LINE_8,
                   InputArray hierarchy = noArray(),
                   int maxLevel = INT_MAX, Point offset = Point() );
```

图 9-15　drawContours 参数解释

参数释义：

参数 image：输入目标图像；

参数 contours：输入轮廓点坐标向量组；

参数 contourIdx：表示绘制第几个轮廓，如果该参数为负值，则绘制全部轮廓；

参数 color：轮廓的颜色通道；

参数 thickness：轮廓的线宽（默认为 1），负值表示填充轮廓内部；

参数 lineType：绘制所用的线型（默认为 8）；

参数 hierarchy：图像轮廓的层级结构信息；

参数 maxLevel：要绘制轮廓的最深层级；

参数 offset：轮廓点的偏移量。

表 9-3 所示是参数 lineType 的几种绘制线类型。

表 9-3　参数 lineType 的绘制线类型

线类型(line type)	说明
LINE_4	使用的算法计算出属于线段上的像素点,相邻的两点之间只有四个方向
NE_8	使用的算法计算出属于线段上的像素点,相邻的两点之间只有八个方向
LINE_AA	使用的算法计算出属于线段上的像素点,相邻的两点之间的方向大于八个

9.5　案例优化

以上所进行的目标图像形状轮廓检测标识中，使用的目标图像是没有任何干扰项的，或者说是没有污染、没有噪声（无法通过预处理解决）的，但是在正常工程项目中，处理的图像要远比本章目标图像复杂，包含许多干扰项。本案例对目标图像进行手动添加干扰项后进行形状检测实验，结果如图 9-16 所示。

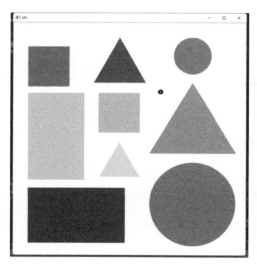
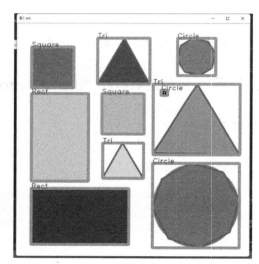

(a) 对目标图像添加干扰项　　　　　　　　　　(b) 形状标识

图 9-16　干扰图像

由图 9-16 可以清楚地看到，首先在原目标图像上添加了一个小黑圆当作本实验的干扰项，然后按照流程对形状轮廓进行检测标识，发现它也会对干扰项进行检测标识。但这是我们不想得到的结果，得到的结果只会污染我们的数据，所以需要设置一个过滤的结构将干扰项排除。在本实验中可以使用 OpenCV 中的"contourArea"功能函数，它可以帮助我们计算图形的面积。由于小黑圆的面积显而易见地要比所要检测识别的图形小得多，所以可以根据得到的小黑圆面积来进行过滤筛选。各个图形的面积大小如图 9-17 所示。

与猜想的一致，图中数字 282 便为小黑圆的面积数字，相比于目标图形要小很多。目标图形面积数字几乎都在 10000 以上，所以我们只需要设置合理的面积过滤值，就可以排除掉小黑圆的干扰。优化结果如图 9-18 所示。

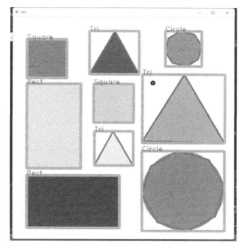

55612
59016
7804
17421
51831
282
32805
17550
12671
11650

图 9-17　图形面积

图 9-18　优化结果

面积计算函数"contourArea"功能描述：使用格林公式计算封闭曲线内的面积。该函数原型如图 9-19 所示。

```
double cv::contourArea(cv::InputArray contour, bool oriented = false)
* @brief Calculates a contour area.
The function computes a contour area. Similarly to moments , the area is computed using the Green
formula. Thus, the returned area and the number of non-zero pixels, if you draw the contour using
#drawContours or #fillPoly , can be different. Also, the function will most certainly give a wrong
results for contours with self-intersections.
```

图 9-19　contourArea 原文解释

参数释义：

参数 contour：输入图形轮廓点向量；

参数 oriented：面向区域标识符（默认为 false；若为 true，会返回一个带符号的面积值，正负取决于轮廓的方向）。

这里我们经过验证会发现，使用 OpenCV 中的"contourArea"功能函数计算出来的面积要比实际面积小一些，这是因为这里使用的是格林公式来计算图形面积。格林公式求的是封闭曲线内面积，而实际的几何形状面积是封闭曲线最小外接矩形的面积，所以"contourArea"功能函数计算出来的面积会比实际面积更小。格林公式如下：

$$\iint\limits_{D}\left(\frac{\partial Q}{\partial x}-\frac{\partial P}{\partial y}\right)\mathrm{d}x\,\mathrm{d}y=\oint_{L}P\,\mathrm{d}x+Q\,\mathrm{d}y \tag{9-1}$$

9.6　代码演示

几何形状检测的应用会涉及很多模块，所以要将功能区分开来进行调用，利用几何形状之间的角点数量关系和边长宽高比关系进行区别。

形状轮廓检测标记功能"getContours"子函数代码如代码清单 9-1 所示。

代码清单 9-1 形状检测代码

```
1.   void getContours(Mat Dilate,Mat img)
2.   {
3.    vector<vector<Point>> contours;                          //声明轮廓点向量集合
4.    vector<Vec4i> hierarchy;                                 //声明轮廓层级
5.
6.    findContours(Dilate,contours,hierarchy,RETR_EXTERNAL,CHAIN_APPROX_SIM-
PLE);    //轮廓检测
7.    vector<vector<Point>> conPoly(contours.size());          //声明点向量集合
8.    vector<Rect> boundRect(contours.size());                 //声明边界矩形点向量集合
9.    //设置循环结构,遍历目标图像中的图形形状
10.   for (int i=0; i<contours.size(); i++)
11.   {
12.    int area=contourArea(contours[i]);                      //图形形状面积计算
13.    cout<<area<<endl;                                       //打印面积大小
14.
15.    int objCor;                                             //声明角点数量
16.    string objType;                                         //声明形状类型文本
17.
18.    if (area>1000)                                          //判断面积大小,进行过滤
19.    {
20.     float peri=arcLength(contours[i],true);                //计算周长,用于多边形拟合
21.     approxPolyDP(contours[i],conPoly[i],0.02 * peri,true); //多边形拟合
22.
23.     cout<<conPoly[i].size()<<endl;                         //打印角点数量
24.     boundRect[i]=boundingRect(conPoly[i]);                 //边界矩形角点确定
25.
26.     objCor=(int)conPoly[i].size();                         //获取角点数量,判断图形形状
27.
28.     if (objCor==3) { objType="Tri"; }
29.     if (objCor==4)
30.     {
31.      float aspRatio=(float)boundRect[i].height / (float)boundRect[i].width;
32.      if (aspRatio>0.95&&aspRatio<1.05)
33.      {
34.       objType="Square";
35.      }
36.      else
37.      {
38.       objType="Rect";
39.      };
```

```
40.      }
41.      if (objCor>4) { objType="Circle"; }
42.
43.      drawContours(img,conPoly,i,Scalar(255,0,255),4);                //绘制轮廓
44.      rectangle(img,boundRect[i].tl(),boundRect[i].br(),Scalar(0,255,0),7);
//绘制边界矩形
45.      //形状标识文本
46.      putText(img,objType,{ boundRect[i].x,boundRect[i].y },FONT_HERSHEY_
DUPLEX,0.77,Scalar(77,77,77),1);
47.      }
48.    }
49. }
50.
51. void main()
52. {
53.    Mat img,imgblur,imggray,imgcanny,imgdilate,imgerode;//声明预处理各阶段变量
54.
55.    img=imread("D:/sucai/形状检测.png");                    //输入目标图像
56.    resize(img,img,Size(),0.7,0.7);                        //重新设置图像大小
57.
58.    cvtColor(img,imggray,COLOR_BGR2GRAY);                  //图像预处理
59.    GaussianBlur(imggray,imgblur,Size(3,3),3,0);
60.    Canny(imgblur,imgcanny,25,75);
61.    Mat kernel=getStructuringElement(MORPH_RECT,Size(3,3));
62.    dilate(imgcanny,imgdilate,kernel);
63.    getContours(imgdilate,img);                            //"getContours"子函数
64.    imshow("src",img);                                     //显示结果
65.    waitKey(0);
66. }
```

 ## 小结

　　本章案例较为复杂，涉及多个形状检测以及大量的预处理操作，需要反复练习。形状检测案例在许多图像处理项目中都有所涉及，本章使用简单的规则图形进行具体操作演示，读者需要掌握其中具体处理流程。

第 10 章

人脸检测

人脸检测无疑是现代图像处理技术中一个热门的研究方向，它应用在军事、安保、健康等多个专业领域。本章将介绍如何使用 OpenCV 进行简单的人脸检测功能的实现，它会涉及机器学习的一些算法，以及人脸特征如何处理等一系列问题。

10.1　目标图像

本章目标是实现通过摄像头或在视频文件中检测人脸。人脸识别技术在现在的健康、交通、安保等各个领域中都有着重要应用，通过不断的发展，已经取得了巨大的成果。本章通过一个案例，简明扼要地展现人脸识别技术的相关知识。图 10-1 中的两幅图（一张男性人脸图片和一张女性人脸图片）是进行人脸识别操作的目标图像，也可以调用摄像头来捕捉视频，从而检测其中的人脸。

图 10-1　目标人脸图像

机器视觉技术以及 OpenCV 经过多年的发展，已经可以通过深度学习来自己训练人脸识别模型，然后在 OpenCV 提供的接口使用自己的模型。本章中，我们将使用 Viola Jones 方法进行人脸检测。这种方法早在 2001 年就被提出来，是在 AdaBoost 算法的基础上，使用 Haar-like 小波特征和积分图技术来进行人脸检测。即使过去了很多年，现在 Viola Jones 方法仍是人脸检测算法的主流框架。本章使用的是 OpenCV 提供的预先训练好的模型。

10.2 人脸识别相关概念

10.2.1 级联分类器

具体来讲，我们使用的是 OpenCV 中已训练好的级联分类器，通过加载级联分类器来对人脸进行识别检测。这里所说的级联分类器其实十分复杂，它使用 Haar-like 人脸特征检测算法、积分图方法、AdaBoost 算法构建一个强分类器进行级联。

级联分类器的主要构建步骤如下：

首先，使用 Haar-like 人脸特征检测算法提取特征；

其次，使用积分图的方法对提取人脸 Haar 特征的过程进行加速；

然后，利用 AdaBoost 算法构建一个强分类器，区分人脸部分以及非人脸部分；

最后，把所有强分类器级联在一起，共同层层分类，提高检测精度。

10.2.2 Haar 人脸特征

Haar 特征为使用 Haar-like 特征提取方法得到的结果。Haar 特征分为三类：边缘特征、线性特征、中心特征。斜线特征又叫作对角线特征，它是特殊的线性特征。特征算子内有白色和黑色两种矩形，定义特征算子在目标图像上的特征值为白色矩形像素的和减去黑色矩形像素的和[20]。Haar 特征算子在目标图像中不断地移位滑动，每到一个位置，就会计算出该区域的特征，再通过级联后的强分类器对该特征进行层层筛选；当这个特征通过了所有强分类器的筛选，就判定这个区域为人脸。Haar 特征多用于人脸检测、行人检测。三类 Haar 特征的卷积核（算子）如图 10-2 所示。

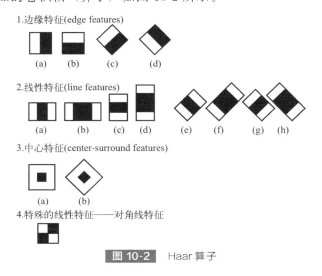

图 10-2 Haar 算子

图 10-2 中的黑白像素方块都是 Haar-like 特征算子。将上面提到的任意一种类型的特征算子放到人脸区域进行检测，然后用白色区域检测到的像素值的和减去黑色区域检测到的像素值的和，得到的差值即为人脸特征值。如果把这个特征算子放到一个非人脸区域进行检测计算，那么计算出的特征值结果和人脸特征值进行比较，应该是存在较大差异的，所以这些特征算子的作用就是把人脸特征数字化、标准化，以区分人脸和非人脸。

10.2.3　积分图加速法

具体来说，Haar 特征也是一种卷积运算，它是将 Haar 特征算子放在目标图像上，将白色区域的像素的和减去黑色区域的像素的和；在线性特征算子中，会将黑色区域像素之和乘以 2，这是为了抵消黑白区域面积不相等所带来的影响。通过改变 Haar 特征算子的位置及大小，可以在检测窗内穷举出上万个特征区域，涉及大量的像素求和运算。

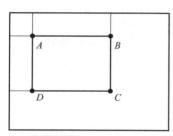

图 10-3　积分图算法

为了更快地提取图像的类 Harr 特征，使用了一种称为积分图（integral image）的方法。在积分图中，每一个像素点的积分值是包含其所在位置左上角的所有像素值之和，当整张图像遍历一次，便可以得到所有像素点的积分值，然后便可以利用得到的积分值快速计算出当前 Haar 特征区域的像素值之和，如图 10-3 所示。

要计算图 10-3 中 S_{ABCD} 区域的像素和，无须遍历卷积整个 S_{ABCD} 特征区域，可以利用积分图加速的方式计算，通过公式 $S_{ABCD} = I(C) - I(B) - I(D) + I(A)$，大大降低了特征区域像素和的计算量［其中，$I(C)$ 表示 C 点处的积分］。

10.2.4　AdaBoost 学习算法

AdaBoost 是 Adaptive Boosting（自适应增强）的缩写，它的自适应体现在：被前一个基本分类器误分类的样本的权值会增大，而正确分类的样本的权值会减小，并再次用来训练下一个基本分类器。同时，在每一轮迭代中，加入一个新的弱分类器，直到达到某个预定的足够小的错误率或预先指定的最大迭代次数，再确定最后的强分类器。分类器迭代算法如图 10-4 所示。

由图 10-4 可见，首先，初始化训练数据的权值分布 D_1。假设有 N 个训练样本数据，则每一个训练样本在最开始时都会被赋予相同的权值：$W_1 = 1/N$。

然后，训练弱分类器 C_i，具体训练过程：如果某个训练样本点被弱分类器 C_i 准确地分类，那么在构造下一个训练数据集时，它对应的权值要减小；相反，如果某个训练样本点被错误分类，那么它的权值就应该增大。权值更新过的样本被用于训练下一个弱分类器，整个过程如此迭代下去。

最后，将各个训练过程得到的弱分类器组合成一个强分类器。各个弱分类器的训练过程结束后，加大分类误差率（即误分率）小的弱分类器的权重，使其在最终的分类函数中起着较大的决定作用，而降低分类误差率大的弱分类器的权重，使其在最终的分类函数中

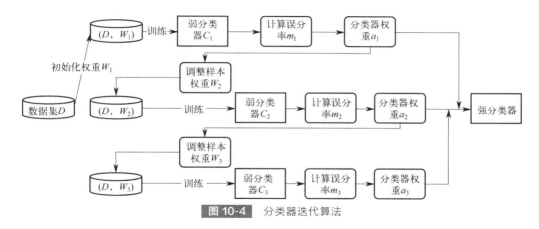

图 10-4 分类器迭代算法

起着较小的决定作用。

总的来说，误差率低的弱分类器在最终分类器中占的权重较大，否则较小。其中涉及的具体算法，将在后面一一解释。

AdaBoost 学习算法过程如下。

首先，需要确定初始化的数据集样本训练权重，即上文提到过的 $W_1 = 1/N$，训练数据集样本为：(x_1, y_1)，(x_2, y_2)，$\cdots$，(x_N, y_N)。其中，$y_i \in \{1, -1\}$，用于表示训练样本的类别标签（$i = 1, 2, \cdots, N$）。ω_i 为每个训练样本的权值大小，$D_1(i)$ 表示训练数据集的初始权值分布：

$$D_1(i) = (\omega_1, \omega_2, \cdots, \omega_N) = \left(\frac{1}{N}, \frac{1}{N}, \cdots, \frac{1}{N}\right) \tag{10-1}$$

迭代训练次数为：$t = 1$，2，$\cdots$，T。

然后使用权值 W_1 进行迭代训练，得到弱分类器 C_i，得到弱分类器后，进一步选择一个当前（第 t 次训练）误差率最低的弱分类器 h 作为该次（第 t 次）基本分类器（H_t），并计算该分类器在数据集样本训练权重上的误差 e_t[21]：

$$e_t = \sum_{i=1}^{N} \omega_{ti}, \quad H_t(x_i) \neq y_i \tag{10-2}$$

由上述公式可以看到，基本分类器 H_t 在训练数据集上的误差率 e_t 就是被基本分类器 H_t 误分类样本的权值之和。

下一步是计算该弱分类器在最终分类器中所占的权重，用 a_t 表示为：

$$a_t = \frac{1}{2} \ln \frac{1 - e_t}{e_t} \tag{10-3}$$

显然，误差越小，权重越大，这是一种指数更新弱分类器权值的形式。

之后调整训练样本的权值分布 D_{t+1} 为：

$$D_{t+1} = \frac{D_t(i)}{Z_t} \times \begin{cases} \exp(-a_t), & \text{当 } h_t(x) = f(x) \\ \exp(a_t), & \text{当 } h_t(x) \neq f(x) \end{cases}$$

$$= \frac{D_t(i) \exp(-a_t f(x) h_t(x))}{Z_t} \tag{10-4}$$

式中，a_t 为弱分类器 $h_t(x)$ 权重；$f(x)$ 为检测窗 x 中的 Haar 特征值；Z_t 为归一化常数，以确保 D 是一个分布，$Z_t = \sqrt{e_t(1 - e_t)}$。可以看出，训练样本权值的更新仍然使用指数函数的形式。

最后，按照弱分类器的权重 a_t 来重新组合各个分类器，即：

$$f(x) = \sum_{i=1}^{T} a_i H_t(x) \qquad (10\text{-}5)$$

通过符号函数 sign() 的作用，得到一个强分类器为：

$$H_{\text{final}} = \text{sign}(f(x)) = \text{sign}\left(\sum_{i=1}^{T} a_i H_t(x)\right) \qquad (10\text{-}6)$$

10.2.5　强分类器的级联

分类器的级联，简单地说就是将多个强分类器分层串联起来，将若干个强分类器由简单到复杂排序，每层的强分类器经过阈值调整，使每一层都能让几乎全部的正样本通过，而拒绝很大一部分负样本，这样就大大降低了单一强分类器的误识率。级联结构如图 10-5 所示。

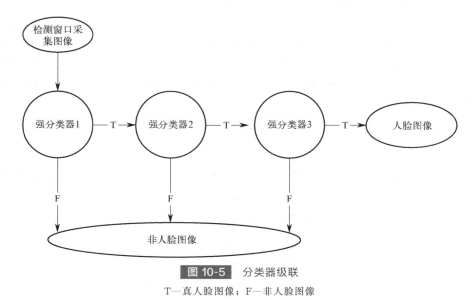

图 10-5　分类器级联

T—真人脸图像；F—非人脸图像

10.3　利用级联分类器进行人脸识别

在 OpenCV 中，可以调用库文件，直接使用已经训练好的模型。我们将运用这些级联分类器，来查找目标图像的人脸区域。

同样地，需要先定义人脸检测的级联分类器，然后找到训练好的模型位置，进行加载使用。在 OpenCV 中提供了人脸检测功能函数 "detectMultiScale"，它可以实现检测目标图像中的人脸区域（包含目标图像中的所有人脸区域），并将以 vector（向量）的类型保存所有检测到的人脸区域的位置和大小。图 10-6 是调用 Haar 级联分类器进行人脸正脸检测的效果图，使用 rectangle 函数将检测到的人脸区域用矩形框进行锁定。

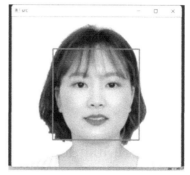

图 10-6　识别、锁定人脸区域（一）

检测一幅有多张人脸的图像时的效果图（加粗了检测框）如图 10-7 所示。

图 10-7　识别、锁定人脸区域（二）

当然，在 OpenCV 中除 Haar 特征的级联检测器之外，还可以使用 LBP 分类器进行人脸正脸检测，以及人脸五官的检测、侧脸检测、笑容检测等，都是通过调用库文件中已经训练好的模型文件实现的。当然，也可以通过机器学习和深度学习训练自己的检测器，并应用到 OpenCV 中。

10.4　功能函数

10.4.1　CascadeClassifier

CascadeClassifier 是 OpenCV 下 objdetect 模块中用来做目标检测的级联分类器的一个类。简而言之，CascadeClassifier 类就是服务于各种检测操作的。图 10-8 所示是 CascadeClassifier 原文解释。

```
class cv::CascadeClassifier
* @example samples/cpp/facedetect.cpp
This program demonstrates usage of the Cascade classifier class
\image html Cascade_Classifier_Tutorial_Result_Haar.jpg "Sample screenshot" width=321 height=254
* @brief Cascade classifier class for object detection.
```

图 10-8　CascadeClassifier 原文解释

10.4.2　detectMultiScale

功能描述：

检测调用函数，通过这个函数来实现检测器检测图像特征的功能并输出。

该函数原型如图 10-9 所示。

```
void detectMultiScale( InputArray image,
                CV_OUT std::vector<Rect>& objects,
                double scaleFactor = 1.1,
                int minNeighbors = 3, int flags = 0,
                Size minSize = Size(),
                Size maxSize = Size() );
```

图 10-9　detectMultiScale 参数解释

参数释义：

参数 image：输入目标图像；

参数 objects：输出被检测目标特征矩形向量；

参数 scaleFactor：检测窗口（算子、卷积核）的缩放比例系数，默认为 1.1，即每次检测窗口依次扩大 10%；

参数 minNeighbors：检测成功所需要的周围矩形框的最小个数，默认为 3 个；

参数 flags：标识值；

参数 minSize：检测目标特征的最小尺寸；

参数 maxSize：检测目标特征的最大尺寸。

以上参数中，需要进一步解释的是参数 minNeighbors 和参数 flags。

参数 minNeighbors 表示检测成功所需要的周围矩形框的最小个数。每一个检测到的特征区域都会产生一个矩形框，只有在多个（默认为 3 个）矩形框同时存在时，才会认为成功地检测到了特征区域。如果组成检测特征区域的矩形框的数量和小于 minNeighbors－1，都会被排除。

参数 flags 可以取到表 10-1 所示的几个值。

▫　**表 10-1　参数 flags 的标识值**

标识值(flags value)	说明
CASCADE_DO_CANNY_PRUNING＝1	利用 Canny 边缘检测来排除一些边缘很少或者很多的图像区域
CASCADE_SCALE_IMAGE＝2	正常比例检测

标识值(flags value)	说明
CASCADE_FIND_BIGGEST_OBJECT＝4	只检测最大的目标
CASCADE_DO_ROUGH_SEARCH＝8	粗略检测

10.5　代码演示

人脸检测一直是计算机视觉领域的热门研究方向，在 OpenCV 中也提供了关于人脸检测的级联分类器。调用级联分类器的步骤如代码清单 10-1 所示。

代码清单 10-1　人脸检测代码

```
1.   void main()
2.   {
3.    Mat img;                                      //输入目标图像
4.   img＝imread("D:/sucai/人脸例子.png");
5.
6.   CascadeClassifier faceCascade;                 //声明级联分类器
7.   //加载级联分类器
8.   faceCascade.load("D:/opencv/opencvsi/opencv/build/etc/haarcascades/haar-
cascade_frontalface_alt.xml");
9.   //检测级联分类器是否加载成功
10.  if (faceCascade.empty()) { cout<<"can not loaded..."<<endl; }
11.
12.  vector<Rect> faces;                            //接收检测器输出的矩阵向量
13.  faceCascade.detectMultiScale(img,faces,1.1,7); //使用级联分类器进行检测
14.
15.  for (int i＝0; i<faces.size(); i++)
16.  {
17.    rectangle(img,faces[i].tl(),faces[i].br(),Scalar(255,0,255),1); //绘制检测结果
18.  }
19.  imshow("src",img);                             //显示输出结果
20.  waitKey(0);
21. }
```

▽ 小结

人脸检测是当前计算机领域的热门研究方向，本章也提供了人脸检测的基础操作。通过 OpenCV 可以进行基本的人脸检测，在有多个人脸时也是能够成功运行检测的。

OpenCV 提高篇

第 11 章至第 13 章将采用 VS 2017 和 VS Code 双平台案例演示的方式来进行案例的解析，在 VS Code 平台的演示中将再次使用到前面章节所介绍的功能函数，以此来进行知识巩固。

第 11 章

创建颜色选择器

本章将使用 OpenCV 创建一个颜色选择器，通过调用摄像头来正确获取目标颜色。而在实现过程中，会使用到 OpenCV 中的 mask（遮罩）功能。遮罩功能在图像处理中有着十分重要的应用，一般用于目标的检测跟踪。

11.1　使用 VS 2017 创建颜色选择器

图 11-1　选取颜色画面（见书后彩插）

本节先要调用摄像头来获取需要选择的颜色目标，在这里选用魔方中的两个不同面的颜色来进行实验，如图 11-1 所示。实验内容便是对目标颜色进行筛选、跟踪，具体方法为创建一个颜色遮罩（mask）来筛选、跟踪。

具体来讲，使用 OpenCV 创建一个调节面板、一个颜色遮罩窗口以及视频捕捉窗口，事先准备好要筛选的颜色，让它展示在摄像头面前；然后通过调节面板进行调节，再通过颜色遮罩窗口检查调节结果，直到颜色遮罩窗口只显示出事先选好的颜色。

11.1.1　创建调节面板

创建调节面板时，首先要将调节面板的窗口创建出来，在 OpenCV 中使用 "named-Window" 功能函数来自定义一个显示窗口，把它用作调节面板。接下来就是在调节面板上创建调节参数的跟踪条，将会使用 OpenCV 中的 "createTrackbar" 功能函数进行创建。本节中是在 HSV 颜色空间中进行颜色的检测、跟踪的，所以需要调节的部分就是 "H" "S" "V" 三个颜色通道的参数设置，具体完成后如图 11-2 所示。

从图 11-2 可以看出，调节的参数是在一个数值范围内的，并且不同的数值范围所显示的刻度值也是不同的，尽管它们的跟踪条长度是一致的。需要注意的是，由于是在一个特定的数值范围内进行调节，所以需要设置的初始参数条件便是各个参数的最大值与最小值。

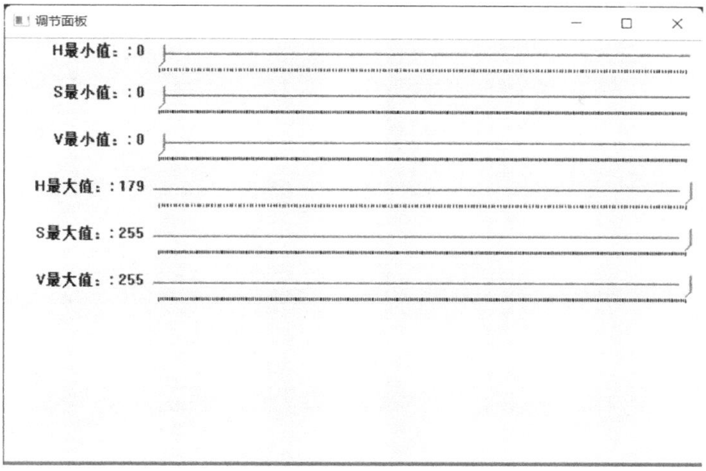

调节面板
H最小值：:0
S最小值：:0
V最小值：:0
H最大值：:179
S最大值：:255
V最大值：:255

图 11-2 调节面板

11.1.2 HSV 颜色空间

前面提到，实验内容是把目标视频中捕捉到的画面转换到 HSV 颜色空间来进行颜色的检测跟踪。这里首先说明什么是 HSV 颜色空间。

如图 11-3 所示，HSV 颜色空间是把 H（色相）、S（饱和度）、V（亮度）当作色值来定位颜色的空间。

色相的取值范围是 0°～360°，用来表示颜色的类别。其中，红色是 0°，绿色是 120°，蓝色是 240°。

饱和度的取值范围是 0%～100%。用来表示颜色的鲜艳程度。灰色的饱和度是 0%；纯粹的颜色，如大红（255，0，0）、青色（0，255，255）等的饱和度是 100%。

亮度的取值范围是 0%～100%，用来表示颜色的明暗程度。亮度为 0%时为黑色，亮度为 100%时为白色；介于 0%～100%之间时，则用来表示各个颜色的明暗程度[22]。

V
绿120°
黄60°
青180°
1.0
白
红0°
蓝240°
品红300°
灰度
H
0,0
黑
S

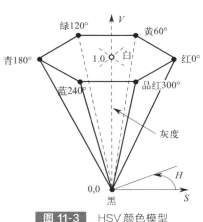

图 11-3 HSV 颜色模型

相比于 RGB 颜色空间，HSV 颜色空间更加注重色彩明暗深浅的表达，能够非常直观地表现出色彩的明暗、色调以及鲜艳程度，方便进行颜色之间的对比。而其中对于实时场景中获取的图像，亮度的调整是必要的，因为亮度通常是对实时图像影响最大的。图 11-4 是 RGB 颜色空间与 HSV 颜色空间的对比图。

从图中可以明显地看到，在 HSV 颜色空间中的彩虹图像要更加鲜明、刺眼，在 HSV 颜色空间中图像表现得更加直观。

将目标图像转换到 HSV 空间后，下一步需要进行的是对于颜色的检测。下一步将构造出一个颜色遮罩，对目标颜色进行筛选检测。

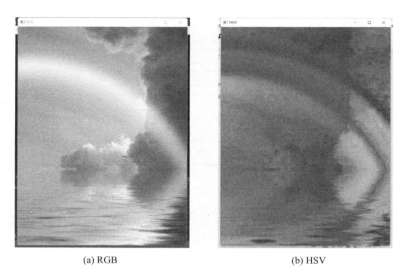

(a) RGB   (b) HSV

图 11-4   颜色空间对比（见书后彩插）

11.1.3　创建颜色遮罩窗口与视频捕捉窗口

前面已经介绍了调节面板的创建方式，下一步就是将其应用到筛选颜色的颜色遮罩窗口与视频捕捉窗口中进行筛选。具体来说，就是只获取视频捕捉窗口中目标物体的颜色，拖动调节窗口的跟踪条，使得颜色遮罩窗口中只出现目标物体，其他颜色均为背景，如图 11-5、图 11-6 所示。

图 11-5   颜色遮罩捕捉颜色（一）

图 11-6   颜色遮罩捕捉颜色（二）

从图 11-5、图 11-6 可以看到，图像左半部分是颜色遮罩，它只显示了目标颜色（设定为魔方蓝色面颜色），即使背景中相近的蓝色也不会被检测到，这也体现出准确性和唯一性。图像右半部分是摄像头捕捉的实时画面，可以看到也是在非标准普通环境下进行的摄像捕捉。事实上，在 HSV 颜色空间中，光照对目标颜色的影响是比较严重的，HSV 颜色空间对许多光线混合运算、光强运算等都不能够直接实现，所以在使用 HSV 颜色空间时，应该注意使用时的目标图像或视频的外部环境，尽量在标准环境下使用，以取得预期效果。以上就是利用 OpenCV 并使用普通摄像头展现出对颜色检测识别的效果。

11.1.4　功能函数

（1）自定义窗口创建函数"namedWindow"

功能描述：

创建一个自定义窗口。

该函数原型如图 11-7 所示。

```
void cv::namedWindow(const cv::String &winname, int flags = 1)
* @brief Creates a window.
The function namedWindow creates a window that can be used as a placeholder for images and
trackbars. Created windows are referred to by their names.
If a window with the same name already exists, the function does nothing.
You can call cv::destroyWindow or cv::destroyAllWindows to close the window and de-allocate any associated
memory usage. For a simple program, you do not really have to call th...
```

图 11-7 namedWindow 原文解释

在 WINDOW_NORMAL 模式下，操作窗口的用户可以随意调整窗口大小（不固定窗口的宽高比例），可将全屏显示的大尺寸图像自由调整到自己觉得适合的大小。除此之外，如果有相同名称的窗口已经存在，则函数不做任何事情。调用 destroyWindow() 或者 destroyALLWindow() 函数来关闭窗口，并取消之前分配的与窗口相关的所有内存空间。

参数释义：

参数 winname：窗口名称；

参数 flags：标识值。

其中，不同的标识值对创建出来的窗口有不同的效果。各种标识值的解析如表 11-1 所示。

▣ **表 11-1　标识值与窗口类型**

标识值（flags value）	说明
WINDOW_NORMAL＝0	操作窗口的用户可以随意调整窗口大小（不固定窗口的宽高比例），可将全屏显示的大尺寸图像自由调整到自己觉得适合的大小
WINDOW_AUTOSIZE＝1	操作窗口的用户不能改变窗口的大小，窗口的大小取决于图像的大小
WINDOW_OPENGL＝2	创建的窗口可支持 OpenGL。OpenGL（开放式图形库）是用于渲染 2D、3D 矢量图形的跨语言、跨平台的应用程序接口（API）
WINDOW_FULLSCREEN＝3	创建的窗口以图像的实际尺寸显示，并且不能进行缩放（注意：这里的全屏并不是大家通常理解的全屏，只有当一幅图像的尺寸超过显示器的分辨率尺寸时，才体现为大家通常理解的全屏效果）

标识值(flags value)	说明
WINDOW_FREERATIO=4	窗口可以以任意宽高比例显示,即不固定宽高比例
WINDOW_KEEPRATIO=5	可以对窗口进行缩放,但是窗口的宽高比例保持不变
WINDOW_GUI_EXPANDED=6	窗口可以添加状态栏和工具栏
WINDOW_GUI_NORMAL=7	窗口以正常窗口样式显示

（2）窗口跟踪条创建功能函数"createTrackbar"

功能描述：

该函数可以在目标窗口创建滑动跟踪条,通过鼠标可以拖动滑动跟踪条来控制某个参数的值。

该函数相关解释如图 11-8、图 11-9 所示。

```
int createTrackbar(const String& trackbarname, const String& winname,
                   int* value, int count,
                   TrackbarCallback onChange = 0,
                   void* userdata = 0);
```

图 11-8　createTrackbar 参数

* @brief Creates a trackbar and attaches it to the specified window.
The function createTrackbar creates a trackbar (a slider or range control) with the specified name
and range, assigns a variable value to be a position synchronized with the trackbar and specifies
the callback function onChange to be c...

图 11-9　createTrackbar 原文解释

参数释义：

参数 trackbarname：滑动跟踪条控制的参数名称；

参数 winname：创建滑动跟踪条的目标窗口名称；

参数 value：滑动跟踪条的初始值；

参数 count：滑动跟踪条的最大值；

参数 onChange：回调函数名；

参数 userdata：用户数据（如果用户想传一些自定义的数据给回调函数,可以放在 userdata 中）。

其中,值得注意的是参数 value,它表示的是滑动跟踪条的初始值（而不是最小值）,也就是滑动跟踪条一开始停留的位置。拖动滑动跟踪条就会改变这个值,从而达到调节的效果。

参数 onChange 和 userdata 较难理解,对其说明如下。

① onChange 参数：

onChange 是一个回调函数,它将在拖动 Trackbar 滑块时被调用。这个回调函数通常负责处理滑块值的变化,然后根据新的值来执行相关操作。每当拖动滑块时,都会触发回调函数的执行。回调函数的原型通常应为 voidFoo（int value, void * userdata）,其中 value 是当前 Trackbar 的值,userdata 是自行指定的自定义数据指针。函数的实现应该根据 value 参数的值执行适当的操作。例如，在图像处理中，可以使用这个值来动态调整某个参数，然后重新渲染图像以查看效果。

② userdata 参数：

userdata 是一个可选的参数，允许向回调函数传递自定义的数据或对象。当创建 Trackbar 时，可以将 userdata 参数设置为任何自定义的数据，例如一个结构体、类对象或任何需要在回调函数中使用的数据。在回调函数中，可以通过 userdata 参数来访问传递的自定义数据，以便根据需要执行更复杂的操作。这允许在回调函数中访问和操作与 Trackbar 设置相关的额外信息，而无须使用全局变量或其他外部方式。

通过结合使用 onChange 参数和 userdata 参数，可以创建更灵活和功能更丰富的 Trackbar 控制，以实现交互式参数调整和图像处理等应用。

对于参数 onChange 和 userdata，当用到回调函数 "TrackbarCallback" 时才会使用这两个参数，一般情况下都是默认值为 0，不使用。

（3）创建二值化颜色遮罩函数 "inRange"

功能描述：

创建一个自定义的二值化颜色遮罩。

该函数原型如图 11-10 所示。

```
void cv::inRange(cv::InputArray src, cv::InputArray lowerb, cv::InputArray upperb, cv::OutputArray dst)
* @brief Checks if array elements lie between the elements of two other arrays.
The function checks the range as follows:
 - For every element of a single-channel input array:
\f[\texttt{dst} (I)= \texttt{lowerb} (I)_0 \leq \texttt{src} (I)_0 \leq \texttt{upperb} (I)_0\f]
 - For two-channel arrays:
\f[\texttt{dst} (I)= \texttt{lowerb} (I)_0 \leq \texttt{src} (I)_0 \leq \texttt{upperb} ...
```

图 11-10 inRange 原文解释

原型中解释道，该函数的功能就是检查某一数组元素值是否在另外两个数组元素值之间。也就是将设定在最大阈值与最小阈值之间的图像显示为白色（255），之外的显示为黑色（0）。

参数释义：

参数 src：输入目标图像；

参数 lowerb：输入设置的下限阈值；

参数 upperb：输入设置的上限阈值；

参数 dst：输出二值化后的遮罩图像。

11.1.5 案例优化

我们现在仅仅是在颜色遮罩窗口上根据显示的结果来筛选颜色，当筛选成功后，需要一个记录器来记录所选的阈值，以保证下次使用时不再需要一步步调整，而是根据记录的数据直接设置好，就能得到预期的颜色。这里只需将滑动跟踪条滑动到的数值输出，利用 cout 功能将它输出在终端窗口并记录下来。阈值输出如图 11-11 所示。

除此之外，我们还使用了一个 OpenCV 中的新功能函数 "flip"，它具有让图像或者

图 11-11　阈值输出

视频左右翻转的功能。该功能能让我们更方便地适应视频中的方向。

"flip"图像翻转功能函数功能描述：

可以实现图像或视频的翻转，包括垂直翻转、水平翻转，以及垂直水平翻转。

该函数原型如图 11-12 所示。

```
void cv::flip(cv::InputArray src, cv::OutputArray dst, int flipCode)
* @brief Flips a 2D array around vertical, horizontal, or both axes.
The function cv::flip flips the array in one of three different ways (row
and column indices are 0-based):
```

图 11-12　flip 原文解释

如原型代码所示，翻转方式有三种，分别是围绕 X 轴的垂直翻转、围绕 Y 轴的水平翻转，以及既围绕 X 轴翻转又围绕 Y 轴翻转的垂直水平翻转。

参数释义：

参数 src：输入目标图像；

参数 dst：输出目标图像；

参数 flipCode：翻转类型代码（见表 11-2）。

▫　表 11-2　参数 flipCode 的翻转类型

翻转类型代码(flipCode)	说明
0	围绕 X 轴的垂直翻转
1	围绕 Y 轴的水平翻转
−1	既围绕 X 轴翻转又围绕 Y 轴翻转的垂直水平翻转

11.1.6　代码演示

代码清单 11-1 就是颜色选择器的创建代码。

代码清单 11-1　颜色选择器代码

```
1.   Mat imgHSV,mask,imgColor;                            //声明变量
2.   int Hmin=0,Smin=0,Vmin=0;                           //设置 HSV 通道的初始值和最大值
3.   int Hmax=179,Smax=255,Vmax=255;
4.
5.   void main()
6.   {
7.    VideoCapture cap(0);                               //调用摄像头
8.    Mat img;
9.
10.   namedWindow("调节面板",1);                          //创建调节面板窗口
11.   createTrackbar("H 最小值:","调节面板",&Hmin,179);   //设置滑动跟踪条
12.   createTrackbar("S 最小值:","调节面板",&Smin,179);
13.   createTrackbar("V 最小值:","调节面板",&Vmin,255);
14.   createTrackbar("H 最大值:","调节面板",&Hmax,255);
15.   createTrackbar("S 最大值:","调节面板",&Smax,255);
16.   createTrackbar("V 最大值:","调节面板",&Vmax,255);
17.
18.   while (true)
19.   {
20.    cap.read(img);
21.    flip(img,img,1);                                  //视频翻转
22.    cvtColor(img,imgHSV,COLOR_BGR2HSV);               //颜色空间转换到 HSV 颜色空间
23.
24.    Scalar lower(Hmin,Smin,Vmin);                     //声明 HSV 颜色空间三通道下限阈值
25.    Scalar upper(Hmax,Smax,Vmax);                     //声明 HSV 颜色空间三通道上限阈值
26.
27.    inRange(imgHSV,lower,upper,mask);                 //创建颜色遮罩窗口
28.    //打印记录 HSV 通道值
29.    cout<<Hmin <<"," <<Smin<<"," <<Vmin<<"," <<Hmax<<"," <<Smax<<"," <<Vmax<<
endl;
30.
31.    imshow("mask",mask);                              //显示输出窗口
32.    imshow("视频",img);
33.    waitKey(1);
34.   }
35. }
```

11.2　使用 VS Code 创建颜色选择器

本节使用 VS Code 平台进行颜色选择器的创建。

本节所使用的 VS Code 和 11.1 节使用的 VS（如 VS 2017）类似，都是常用的集成开发环境（IDE），但二者有以下区别：

适用对象不同。VS 是一个功能强大的 IDE，主要面向 Windows 平台，支持多种编程语言和框架，提供丰富的工具和插件。它适用于大型项目开发，具备完整的调试、编译、部署等功能。而 VS Code 则是一个轻量级的代码编辑器，支持跨平台，并可通过插件扩展功能。它适用于小型项目、脚本编写和日常开发。

跨平台的支持能力不同。VS 只能在 Windows 操作系统上运行，而 VS Code 支持 Windows、macOS 和 Linux 等多种操作系统，方便不同平台上的开发者使用。

扩展性能不同。VS Code 可以通过丰富的插件系统进行功能扩展，用户可以根据需要选择安装各种插件来满足特定的开发需求。VS 也支持插件，但相对于 VS Code 来说，插件数量和种类较少。

集成的开发环境不同。VS 提供了完整的集成开发环境，具备项目管理、代码编辑、调试等功能。VS Code 则更注重代码编辑和轻量级的开发工具，对于大型项目的管理和调试支持相对较弱。

综上所述，VS 适用于大型项目和全功能的开发需求，而 VS Code 更适合小型项目和轻量级开发，对跨平台支持更友好，并通过插件系统提供更高的可扩展性。选择使用哪个取决于个人或团队的具体需求和偏好。

11.2.1　调用摄像头

视频处理是图像处理中很重要的一个部分。视频可以看作连续图片拼接而成的，所以当需要在视频中去识别某个物体时，往往可以通过单张或多张图片进行测试。当在单张图片上识别效果较好时，在视频中进行连续识别也会有相对较好的效果。而相对于单张图片，视频由于多出了一个时间轴，也同样拥有了众多性质，例如可以通过相邻像素之间的灰度值变化来推断它们之间的位移，这就是可以进行运动估计的光流法的基本原理。

在对视频进行处理之前，需要先进行摄像头的调用。本小节的目的就是调用摄像头进行画面展示，并且通过按键进行退出。

（1）摄像头调用函数"VideoCapture"

功能描述：

该函数可以对摄像头进行初始化并且开始捕捉实时视频流，对于使用者来说，可以非常方便地输入摄像头的索引号来调用不同摄像头，同时也可以传入视频文件的路径来读取保存在本地的视频，或者输入流媒体测试地址来获取 rtsp 视频流。

该函数原型为一个类，其常常与其他功能函数配合使用，例如判断摄像头是否正常开启的 isOpened、读取视频流的每一帧的 read、释放摄像头的 release。

为了保证代码的安全运行，上面提到的 VideoCapture 所带的方法都是读取视频所需要用到的。同时，视频流是在不断刷新每一帧的，所以需要一个 while 循环来不断读取新的画面。最后，需要通过 OpenCV 的 waitKey 函数来通过键盘按键进行程序的退出。

（2）摄像头调用代码演示

代码清单 11-2 所示为调用摄像头代码。

代码清单 11-2　调用摄像头代码

```
1.   int main() {
2.    VideoCapture cap(0);                        //把 VideoCapture 赋给变量 cap
3.    if (!cap.isOpened()) {                      //判断摄像头是否正常开启
4.     std::cout<<"Cannot open camera" <<std::endl;
5.     return -1;                                 //未正常开启则返回信息并退出
6.    }
7.
8.    while (true) {
9.     Mat frame;                                 //创建名为 frame 的 Mat
10.    cap.read(frame);                           //读入摄像头画面
11.
12.    if (frame.empty()) {
13.     cout<< "Cannot receive frame" <<std::endl;
14.     break;                                    //未正常读入画面则返回信息并退出
15.    }
16.
17.    imshow("frame",frame);                     //显示输出图像
18.
19.    if (waitKey(1)=='q') {                     //按键盘上的 q 键退出
20.     break;
21.    }
22.   }
23.
24.   cap.release();
25.   destroyAllWindows();
26. }
```

11.2.2　视频翻转

OpenCV 默认读入的视频是镜像的，跟我们日常使用手机进行自拍的画面形式一致，甚至在一些不同型号的摄像头（例如 CSI 摄像头）上所呈现出的画面也是有所差异的。这就需要我们自己根据情况进行水平翻转、垂直翻转、水平垂直翻转等调整。

因为图像在计算机中本质上仍然是一个矩阵，所以对图像进行翻转操作并不难。本小节的目的就是让图片进行一系列的翻转，如图 11-13 所示。

（1）图像翻转函数 "flip"

flip 函数的功能描述、原文解释、参数释义在 11.1.5 节已有说明，此处不再赘述。

在 OpenCV 中通过 flip 这个功能函数来对图像进行翻转处理。对于视频来说，只需要在 while 循环里获取当前帧图像后再输入到 flip 函数中，选择对应 flipCode 代码后就可以达到翻转的效果，后面章节中的函数同理。

(a) 原图   (b) 水平垂直翻转

(c) 垂直翻转   (d) 水平翻转

图 11-13　视频翻转效果图

（2）图像翻转代码演示

代码清单 11-3 所示为图像翻转代码。

代码清单 11-3　图像翻转代码

```
1.  int main() {
2.   Mat img= imread("D:/sucai/gym.jpg");      //读取目标文件
3.   Mat imgflip_1,imgflip_2,imgflip_3;        //定义输出对象
4.
5.   flip(img,imgflip_1,-1);                   //水平垂直翻转
6.   flip(img,imgflip_2,0);                    //垂直翻转
7.   flip(img,imgflip_3,1);                    //水平翻转
8.   imshow("img",img);                        //显示输出对象
9.   imshow("flip1",imgflip_1);
10.  imshow("flip2",imgflip_2);
11.  imshow("flip3",imgflip_3);
12.  waitKey(0);
13. }
```

11.2.3　进行颜色空间转换

颜色空间转换是将一种颜色表示方式或颜色模型转换为另一种的过程。在计算机视觉

和图像处理中，颜色空间转换是常见的操作，因为不同的颜色空间可以提供不同的信息和特性，以适应不同的任务和需求。以下是一些常见的颜色空间及其转换原理。

① RGB（红-绿-蓝）颜色空间：

RGB 颜色空间是基于三原色的表示方式，其中红色、绿色和蓝色通道的不同组合形成各种颜色。每个通道的值通常在 0 到 255 之间，表示颜色的亮度。

RGB 是最常见的颜色表示方式，用于显示器和摄像头等设备，以及许多图像处理任务。

② 灰度颜色空间：

灰度图像只包含亮度信息，没有颜色信息。灰度图像的每个像素只有一个单一的值，通常在 0 到 255 之间，表示亮度或灰度级别。

灰度颜色空间广泛用于图像分析、特征提取和边缘检测等任务。

③ HSV（色相、饱和度、亮度）颜色空间：

HSV 颜色空间将颜色分解为色相（H）、饱和度（S）和亮度（V），提供了更直观的颜色描述。色相表示颜色的基本色调，饱和度表示颜色的纯度，亮度表示颜色的明暗程度。

HSV 颜色空间常用于颜色识别和调整颜色的图像处理任务，例如物体追踪和颜色分割。

④ Lab 颜色空间（CIELab）：

Lab 颜色空间基于人眼对颜色的感知，分为亮度（L）和两个色度通道（a 和 b）。L 表示亮度，a 表示从红色到绿色的范围，b 表示从黄色到蓝色的范围。

Lab 颜色空间广泛用于图像分割、颜色校正和色彩分析等领域，尤其是需要考虑颜色感知的任务。

⑤ YUV 颜色空间：

YUV 颜色空间将颜色信息分为亮度（Y）和色度（U 和 V）两个分量。Y 表示亮度，而 U 和 V 表示颜色的色度信息。

YUV 常用于视频编码、压缩和处理，因为它允许分离亮度信息和色度信息，以实现更高的压缩效率。

颜色空间转换的原理通常涉及线性或非线性的数学变换，以将一个颜色表示方式映射到另一个。这些转换可以通过矩阵运算、数学公式或查表等方式实现。根据不同的任务和不同的应用场景选择合适的颜色空间和转换方式，以便更好地处理图像数据并提取所需的信息。

本小节的内容是创建一个颜色选择器，所以对于本小节来说，HSV 颜色空间更适合也更常作为进行处理时的颜色空间。由于不同颜色在不同环境下的色相、饱和度、亮度有所差异，所以需要通过查表确定出所需颜色的大致的 HSV 范围，再通过颜色选择器进行较为精细的调节，得到较为准确的 HSV。HSV 颜色空间的部分颜色阈值如表 11-3 所示。

▣ **表 11-3 HSV 颜色空间阈值**

参数	黑	灰	白	红		橙	黄	绿	青	蓝	紫
$H_{\min}$	0	0	0	0	156	11	26	35	78	100	125

参数	黑	灰	白	红		橙	黄	绿	青	蓝	紫
H_{max}	180	180	180	10	180	25	34	77	99	124	155
S_{min}	0	0	0	43		43	43	43	43	43	43
S_{max}	255	43	30	255		255	255	255	255	255	255
V_{min}	0	46	221	46		46	46	46	46	46	46
V_{max}	46	220	255	255		255	255	255	255	255	255

（1）颜色空间转换函数 "cvtColor"

cvtColor 函数的功能描述、原文解释、参数释义在 6.1.2 节已有说明，此处不再赘述。

对于该函数的 code 参数，有多种代码可以使用，不同的代码对应不同的颜色空间转换。颜色空间转换的所有代码如表 11-4 所示。

▫ 表 11-4　颜色空间转换代码

转换类型	代码（标识符）列举
RGB←→BGR	COLOR _ BGR2BGRA、COLOR _ RGB2BGRA、COLOR _ BGRA2RGBA、COLOR _ BGR2BGRA、COLOR_BGRA2BGR
RGB←→5X5	COLOR_BGR5652RGBA、COLOR_BGR2RGB555 等
RGB←→Gray	COLOR _ RGB2GRAY、COLOR _ GRAY2RGB、COLOR _ RGBA2GRAY、COLOR _ GRAY2RGBA
RGB←→CIE XYZ	COLOR_BGR2XYZ、COLOR_RGB2XYZ、COLOR_XYZ2BGR、COLOR_XYZ2RGB
RGB←→YCrCb(YUV) JPEG	COLOR _ RGB2YCrCb、COLOR _ RGB2YCrCb、COLOR _ YCrCb2BGR、COLOR _ YCrCb2RGB、COLOR_RGB2YUV（可将 YCrCb 用 YUV 替代）
RGB←→HSV	COLOR_BGR2HSV、COLOR_RGB2HSV、COLOR_HSV2BGR、COLOR_HSV2RGB
RGB←→HLS	COLOR_BGR2HLS、COLOR_RGB2HLS、COLOR_HLS2BGR、COLOR_HLS2RGB
RGB←→CIE L＊a＊b＊	COLOR_BGR2Lab、COLOR_RGB2Lab、COLOR_Lab2BGR、COLOR_Lab2RGB
RGB←→CIE L＊u＊v	COLOR_BGR2Luv、COLOR_RGB2Luv、COLOR_Luv2BGR、COLOR_Luv2RGB
RGB←→Bayer	COLOR_BayerBG2BGR、COLOR_BayerGB2BGR、COLOR_BayerRG2BGR、COLOR_BayerGR2BGR、COLOR _ BayerBG2RGB、COLOR _ BayerGB2RGB、COLOR _ BayerRG2RGB、COLOR_BayerGR2RGB（在 CCD 和 CMOS 上常用的 Bayer 模式）
YUV420←→RGB	COLOR _ YUV420sp2BGR、COLOR _ YUV420sp2RGB、COLOR _ YUV420i2BGR、COLOR_YUV420i2RGB

（2）颜色空间转换效果与代码演示

颜色空间转换效果如图 11-14 所示。

颜色空间转换代码见代码清单 11-4。

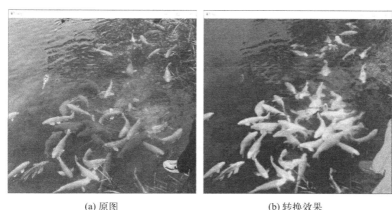

(a) 原图   (b) 转换效果

图 11-14   转换 HSV 颜色空间效果图（见书后彩插）

代码清单 11-4   颜色空间转换代码

```
1.  int main() {
2.   cv::Mat img= cv::imread("D:/sucai/fish.jpg");  //读入图像
3.
4.   cv::Mat imghsv;//定义输出对象
5.   cv::cvtColor(img,imghsv,cv::COLOR_BGR2HSV);//转化颜色空间为 HSV
6.
7.   cv::imshow("img",img);        //显示输出图像
8.   cv::imshow("hsv",imghsv);
9.
10.  cv::waitKey(0);
11. }
```

11.2.4   设置颜色通道

颜色通道是指图像中用于表示颜色信息的不同分量或通道。在常见的彩色图像中，通常使用三个颜色通道来表示颜色信息，这些通道是红色（R）、绿色（G）和蓝色（B），通常被称为 RGB 通道。每个通道包含了图像中相应颜色的亮度信息，其值通常在 0 到 255 之间。这三个通道的不同组合可以产生各种颜色，例如紫色的 RGB 通道值分别为：118，0，118。

而在 HSV 颜色空间中，三个颜色通道分别为色相、饱和度、亮度。对于很少接触绘画的人来说，对此概念会觉得陌生，但通过图 11-15、图 11-16 两图的对比就可以很好地理解这三个通道分别代表的意思。

可以看到，图 11-16 中第一行为色相，第二行为饱和度，第三行为亮度。具体说明如下：

第一行，色相表达颜色的基本色调或主要颜色。

第二行，饱和度表示颜色的鲜艳程度或纯度。较低的饱和度值会使颜色变得更灰暗，而较高的饱和度值会使颜色更鲜艳。

图 11-15　基础颜色通道（见书后彩插）

图 11-16　HSV 颜色通道（见书后彩插）

第三行，亮度表示颜色的明暗程度。较低的亮度值会使颜色变得更暗，而较高的亮度值会使颜色更明亮。

HSV 颜色模型的一个主要优势是它将颜色的属性分成了这三个独立的通道，使得对颜色的调整和分析更直观和易于控制。例如，可以通过调整色相通道来改变颜色的基本色调，通过调整饱和度来增强或减弱颜色的鲜艳度，通过调整亮度来改变颜色的明暗程度。

对于一张图片来说，假设我们要在图中找寻蓝色，则先通过查表选定蓝色的色相范围，再通过图片拍摄环境来判断蓝色在画面中的饱和度及亮度情况，从而选定范围。

11.2.5　创建遮罩

遮罩是一个二进制图像，它用于标记原始图像中与特定颜色或颜色范围匹配的区域。其颜色通常是黑白的，其中白色像素表示匹配的颜色区域，而黑色像素表示不匹配的区域。这项技术常用于计算机视觉和图像处理中，以分割、提取或跟踪特定颜色的对象或区域。同样以蓝色为例，本小节中通过查表，选定蓝色的大致 HSV 颜色范围来创建遮罩，如图 11-17 所示。

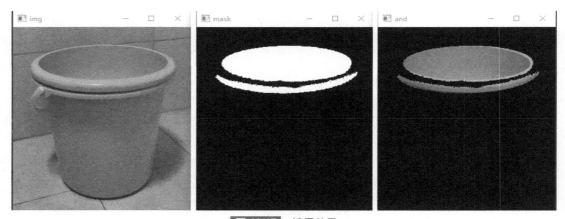

图 11-17　遮罩效果

（1）像素筛选函数"inRange"

inRange 函数的功能描述、原文解释、参数释义在 11.1.4 节已有说明，此处不再赘述。

此函数是 OpenCV 库中一个功能强大的函数，用于在图像处理中执行颜色范围的筛选操作。具体来说，inRange 函数用于确定图像中的像素是否位于指定的颜色范围内，并生成一个二进制掩码。其中，匹配的像素设置为白色，也就是 255，而不匹配的像素设置为黑色，也就是 0。这个掩码通常用于识别、分割或提取图像中的特定颜色对象或区域。

inRange 函数会根据所定义的颜色范围筛选输入图像中的像素，并生成一个显示匹配像素的白色区域和不匹配像素的黑色区域的掩码。这个掩码可以用于进一步的图像处理和分析。

（2）图像"按位与"操作函数"bitwise_and"

功能描述：

bitwise_and 是 OpenCV 库中的一个函数，用于执行"按位与"操作，通常用于处理二进制图像掩码。这个函数将两个输入图像（通常是二进制图像或掩码）的每个像素进行"按位与"运算，并生成一个新的输出图像，其中的像素值取决于输入图像中相应位置的像素值。

该函数原型如图 11-18 所示。

```
void cv::bitwise_and(cv::InputArray src1, cv::InputArray src2, cv::OutputArray dst, cv::InputArray mask = noArray())
* @brief computes bitwise conjunction of the two arrays (dst = src1 & src2)
Calculates the per-element bit-wise conjunction of two arrays or an
array and a scalar.
```

图 11-18 bitwise_and 原文解释

参数释义：

参数 src1：第一个输入图像；

参数 src2：第二个输入图像；

参数 dst：输出图像；

参数 mask：掩模。

bitwise_and 函数的工作方式如下：

① 对于每个像素位置（x，y），从 src1 和 src2 中获取对应位置的像素值。

② 如果 mask 存在且对应位置的像素值为零（或未提供掩码），则将 src1 和 src2 中的像素值进行"按位与"操作，并将结果存储在 dst 中的相同位置。

③ 如果 mask 存在且对应位置的像素值非零，则跳过"按位与"操作，将 dst 中的相应位置设置为零。

bitwise_and 函数通常用于以下场景：

① 对两个二进制图像或掩码执行按位与操作，以获取它们的交集。

② 通过应用掩码来选择性地操作图像的特定区域，而不影响其他区域。

③ 在图像处理中，用于分割、提取或过滤图像中的特定区域。

例如，常见的用法包括通过按位与的掩码合并两个图像，以选择性地显示或隐藏其中一个图像的特定部分。

（3）创建遮罩代码演示

代码清单 11-5 所示为创建遮罩代码。

代码清单 11-5 创建遮罩代码

```
1.  int main() {
2.    Mat img＝imread("D:/sucai/buket.jpg");    //读取目标图像
3.    Mat imghsv;//定义输出图像
```

```
4.    cvtColor(img,imghsv,COLOR_BGR2HSV);//改变颜色空间
5.
6.    Scalar lowerblue(110,50,50);        //定义蓝色阈值下限
7.    Scalar upperblue(130,255,255);    //定义蓝色阈值上限
8.
9.    Mat mask;
10.   inRange(imghsv,lowerblue,upperblue,mask);//筛选像素值
11.
12.   Mat imgand;
13.   bitwise_and(img,img,imgand,mask=mask);//图像按位与操作
14.
15.   imshow("img",img);                //显示结果
16.   imshow("mask",mask);
17.   imshow("and",imgand);
18.
19.   waitKey(0);
20. }
```

11.2.6   创建窗口

本章的主题是颜色选择器。在进行了前面的基础操作后，就需要创建一个可以实时调节三个颜色通道的数值轨迹条。而在创建轨迹条之前，需要先创建一个窗口用于存放轨迹条。

（1）自定义窗口创建函数"namedWindow"

namedWindow 函数的功能描述、原文解释、参数释义在 11.1.4 节已有说明，此处不再赘述。

函数"namedWindow"可以用于创建一个窗口以显示图像。这个函数用于图形用户界面（GUI）应用程序，允许在窗口中显示图像，以便进行可视化和交互式图像处理。

（2）创建窗口代码演示

代码清单 11-6 所示为创建窗口代码。

代码清单 11-6   创建窗口代码

```
1.  int main() {
2.    Mat img=cv::imread("path_to_image.jpg");   //读取图像
3.
4.    //创建一个带有指定窗口名称的窗口
5.    namedWindow("My Window",WINDOW_NORMAL);//使用 WINDOW_NORMAL 以支持调整窗口大小
6.
7.    imshow("My Window",img);              //在窗口中显示图像
8.
9.    waitKey(0);
```

```
10.  //关闭窗口
11.  destroyAllWindows();
12.  return 0;
13.  }
```

11.2.7　创建 Trackbar

Trackbar（滑动条）是一个可视化控件，用于创建交互式图形用户界面（GUI）。Trackbar 通常用于调整某个参数的值，例如图像处理或计算机视觉应用中的参数的值，以便于用户实时观察参数变化对图像或算法的影响。它在颜色选择器中充当调节 HSV 三个通道的值的控件。最终展示结果如图 11-19 所示。

图 11-19　调节窗口

（1）创建 Trackbar 函数"createTrackbar"

createTrackbar 函数的功能描述、原文解释、参数释义在 11.1.4 节已有说明，此处不再赘述。

该函数被用来创建一个 Trackbar，需要指定 Trackbar 的名称、关联的窗口名称、最小值、最大值和回调函数。回调函数将在移动滑块时被调用，同时允许更新参数并触发相关操作。

该函数可创建跟踪栏并将其附加到指定的窗口。窗口的创建在上文中提及过。

（2）创建 Trackbar 代码演示

代码清单 11-7 所示为创建 Trackbar 代码。

代码清单 11-7　创建 Trackbar 代码

```
1.  //回调函数,用于处理 Trackbar 值的变化
2.  void task(int numb) {
3.   std::cout<<numb<<std::endl;//打印 Trackbar 的值
4.  }
5.
6.  int main() {
```

```
7.    //创建一个带有指定窗口名称的窗口,允许调整窗口大小
8.    namedWindow("Window",WINDOW_NORMAL);
9.
10.   //创建名为'H'的Trackbar,并关联回调函数'task',初始值为0,最大值为255
11.   createTrackbar("H","Window",0,255,task);
12.
13.   //创建名为'S'的Trackbar,并关联回调函数'task',初始值为0,最大值为255
14.   createTrackbar("S","Window",0,255,task);
15.
16.   //创建名为'V'的Trackbar,并关联回调函数'task',初始值为0,最大值为255
17.   createTrackbar("V","Window",0,255,task);
18.
19.   waitKey(0);
20.   //关闭窗口
21.   destroyAllWindows();
22.   return 0;
23. }
```

11.2.8　调节各个颜色通道值

前面提到过，要想找到图像中的某个颜色，需要通过查表找到大概的 HSV 三通道值的上下限，然后通过筛选及原图与遮罩的"与"操作来完成图片中颜色的查找。但如果创建出 Trackbar，则通过调节 Trackbar 就能很快地、精细地调出所需要的颜色。本小节中将创建三个 Trackbar，分别代表 R、G、B 三个通道的数值，通过滑动 Trackbar 可以调节出不同的颜色，如图 11-20 所示。

图 11-20　调节状态

（1）获取 Trackbar 当前值函数"getTrackbarPos"

功能描述：

getTrackbarPos 函数可以返回获取到指定 Trackbar 的当前所处位置代表的数值。

该函数原型如图 11-21 所示。

```
int cv::getTrackbarPos(const cv::String &trackbarname, const cv::String &winname)
* @brief Returns the trackbar position.
The function returns the current position of the specified trackbar.
@note
[__Qt Backend Only__] winname can be empty if the trackbar is attached to the control
panel.
@param trackbarname Name of the trackbar.
@param winname Name of the window that is the parent of the trackbar.
```

图 11-21 getTrackbarPos 原文解释

参数释义:

参数 trackbarname:所需获取值的 Trackbar 的名称;

参数 winname:所需获取值的 Trackbar 所在的窗口的名称。

想要通过 getTrackbarPos 获取当前值后再进行下一步操作,就需要进行不断的循环操作。于是将 getTrackbarPos 放进 while 循环中,再对图像进行改变就可以达到实时调节颜色的效果了。

(2)调节各个颜色通道值的代码演示

代码清单 11-8 所示为调节各个颜色通道值的代码。

代码清单 11-8　调节各个颜色通道值的代码

```
1.  //回调函数,用于处理 Trackbar 值的变化
2.  void task(int numb) {
3.    std::cout<<numb<<std::endl;//打印 Trackbar 的值
4.  }
5.
6.  int main() {
7.
8.  //创建一个带有指定窗口名称的窗口,窗口大小为 256
9.  namedWindow("Window",256);
10.
11. //创建 Trackbar,并关联回调函数'task',初始值为 0,最大值为 255
12. createTrackbar("R","Window",0,255,task);
13. createTrackbar("G","Window",0,255,task);
14. createTrackbar("B","Window",0,255,task);
15. //创建一个空图像,尺寸为(640,480),数据类型为 8 位无符号整数,三通道
16. cv::Mat img(640,480,CV_8UC3,cv::Scalar(0,0,0));
17.
18. while (true) {
19. //获取 Trackbar 的当前值
20.  int r=cv::getTrackbarPos("R","Window");
21.  int g=cv::getTrackbarPos("G","Window");
22.  int b=cv::getTrackbarPos("B","Window");
23. //将图像的所有像素值设置为当前的 RGB 颜色
```

```
24.    img.setTo(cv::Scalar(b,g,r));
25.    //在窗口中显示图像
26.    imshow("Window",img);
27.    //如果用户按下键盘上的'q'键,退出循环
28.    if (cv::waitKey(1)=='q') {
29.     break;
30.    }
31.   }
32.   //关闭窗口
33.   destroyAllWindows();
34.  }
```

11.2.9 代码演示

代码清单 11-9 所示为整体代码。

代码清单 11-9 整体代码

```
1.  //回调函数,用于处理 Trackbar 值的变化
2.  void task(int numb) {
3.   std::cout<<numb<<std::endl;//打印 Trackbar 的值
4.  }
5.
6.  int main() {
7.  //打开默认相机(摄像头)
8.  VideoCapture cap(0);
9.   if (! cap.isOpened()) {
10.   std::cout<< "Cannot open camera" <<std::endl;
      //如果无法打开相机,则输出错误信息
11.   return -1; //退出程序
12.  }
13.
14.  //创建一个带有指定窗口名称的窗口,窗口大小会自动调整
15.  namedWindow("Window",WINDOW_AUTOSIZE);
16.  resizeWindow("Window",640,480);//调整窗口大小为 640×480 像素
17.
18.  //创建一组 Trackbar 用于调整 HSV 颜色阈值
19.  createTrackbar("H1","Window",0,255,task);
20.  createTrackbar("H2","Window",0,255,task);
21.  createTrackbar("S1","Window",0,255,task);
22.  createTrackbar("S2","Window",0,255,task);
23.  createTrackbar("V1","Window",0,255,task);
24.  createTrackbar("V2","Window",0,255,task);
```

```
25.
26.    while(true){
27.    Mat frame;
28.    bool ret=cap.read(frame);//从摄像头读取一帧图像
29.    if(!ret){
30.      std::cout <<"Can't receive frame" <<std::endl;
       //如果无法接收帧,则输出错误信息
31.      break;//退出循环
32.    }
33.
34.    Mat frameflip;
35.    flip(frame,frameflip,1);//翻转图像(水平翻转)
36.
37.    Mat framehsv;
38.    cvtColor(frameflip,framehsv,COLOR_BGR2HSV);//转换图像到HSV颜色空间
39.
40.    //获取Trackbar的当前值
41.    int h1=getTrackbarPos("H1","Window");
42.    int s1=getTrackbarPos("S1","Window");
43.    int v1=getTrackbarPos("V1","Window");
44.    int h2=getTrackbarPos("H2","Window");
45.    int s2=getTrackbarPos("S2","Window");
46.    int v2=getTrackbarPos("V2","Window");
47.
48.    //创建颜色阈值的上下界
49.    Scalar lower(std::min(h1,h2),std::min(s1,s2),std::min(v1,v2));
50.    Scalar upper(std::min(h1,h2),std::min(s1,s2),std::min(v1,v2));
51.
52.    Mat mask;
53.    //使用颜色阈值创建掩码
54.    inRange(framehsv,lower,upper,mask);
55.
56.    Mat frameand;
57.    //通过掩码执行按位与操作
58.    bitwise_and(frameflip,frameflip,frameand,mask=mask);
59.
60.    //在窗口中显示图像
61.    imshow("frame",frame);//原始图像
62.    imshow("flip",frameflip);//翻转后的图像
63.    imshow("hsv",framehsv);//HSV颜色空间的图像
64.    imshow("mask",mask);//颜色阈值的掩码
65.    imshow("and",frameand);//按位与操作的图像
```

```
66.
67.    //如果用户按下键盘上的'q'键,退出循环
68.    if (waitKey(1)=='q') {
69.    break;//退出循环
70.    }
71.  }
72.
73.  cap. release();//释放相机占用的空间
74.  destroyAllWindows();//关闭所有窗口
75. }
```

运行代码之后会出现图 11-22 所示的六个窗口。

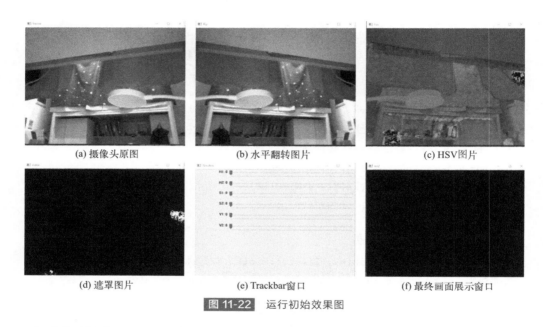

(a) 摄像头原图   (b) 水平翻转图片   (c) HSV图片

(d) 遮罩图片   (e) Trackbar窗口   (f) 最终画面展示窗口

图 11-22   运行初始效果图

  此时通过调节 Trackbar 的 HSV 就可以进行颜色的选择。值得注意的是，Trackbar 窗口中分别设有 H1 和 H2、S1 和 S2、V1 和 V2，程序会自动选择二者中较低的值作为下限，较高的值作为上限。查表后获得蓝色的阈值的大致范围，在 Trackbar 窗口中输入，得到图 11-23 所示的效果。

图 11-23　调节效果图

再调整 HSV 的值，使得画面中只剩下盒子的蓝色，如图 11-24 所示。

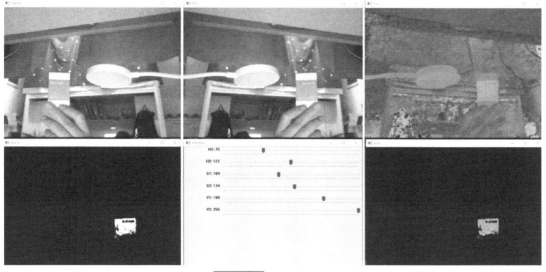

图 11-24　调节结果图

至此，颜色选择器创建完成。

 小结

本章以颜色为选择目标，进行一步步调节检测。本章中通过调用摄像头，结合实际应用，选择自定义的颜色来进行选择检测，非常贴合实际。

第 12 章

跟踪、绘制颜色路径

本章将检测并跟踪、绘制摄像头捕捉的目标颜色移动路径。以颜色为目标条件进行一系列的动态图像处理，通过摄像头采集到的画面来检测、跟踪和绘制路径。在实际应用中，有着各种目标条件的检测跟踪，如以行人为目标、以人脸为目标、以汽车为目标等，目标的检测跟踪在生活中发挥着十分重要的作用。

12.1 使用 VS 2017 跟踪、绘制颜色路径

本节中，我们将在视频捕捉窗口检测、追踪颜色，并用特定颜色绘制出目标颜色行动过的路径。首先使用第 11 章介绍过的颜色选择器选择目标颜色，然后从选择的颜色遮罩中找到颜色的轮廓，进而找到目标颜色的轮廓点向量，再通过具体的点向量绘制出它所行动的路径来达到目标。本节中依旧以蓝色为目标颜色进行检测跟踪，具体实现效果如图 12-1 所示。

图 12-1　颜色跟踪效果图（见书后彩插）

具体来讲，这个模块主要分成两个部分来实现：第一部分，先构建寻找颜色轮廓矩阵向量的模块；第二部分，构建绘制目标点向量行动路径的模块。其中，第一部分又分为寻找颜色和获取轮廓两个部分。流程如图 12-2 所示。

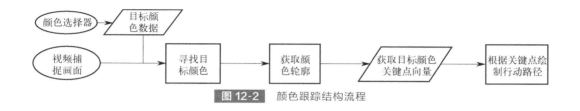

图 12-2 颜色跟踪结构流程

12.1.1 寻找目标颜色，获取颜色轮廓

第 11 章中介绍了如何获取目标颜色的颜色通道数据。本节将第 11 章中获取到的蓝色的颜色通道数据作为目标颜色数据（如果需要重新选择自定义颜色，同样使用第 11 章的方式来选择）；接下来就是在视频中寻找颜色，和第 11 章类似，将蓝色的颜色通道的上限阈值和下限阈值确定下来，然后使用 inRange 功能函数设置蓝色的颜色遮罩，使用第 9 章介绍的轮廓检测绘制功能函数 "findContours" 和 "drawContours"，在遮罩中获取目标颜色的外形轮廓。在视频捕捉画面中获取目标颜色外形轮廓并将其绘制出来，如图 12-3 所示。

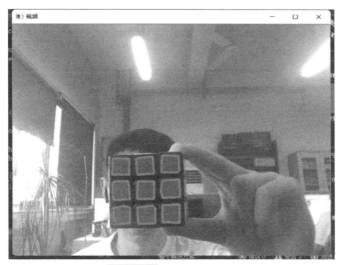

图 12-3 颜色轮廓获取

这里由于不是从静态的图像中来获取，而是通过视频捕捉的画面来获取外形轮廓，所以获取到的轮廓点是随着目标颜色位置实时更新的。为了解决这个问题，就应该构建一个获取实时轮廓点向量的子函数。

12.1.2 获取颜色轮廓关键点向量

在形状检测的相关章节中，已经介绍了获取图像外形轮廓点向量的技术方法。在此模块中我们将应用这个技术方法，并加以改进，从而使其可以获取到从视频捕捉的图像的目标外形轮廓点向量。

具体来讲，与形状检测类似，将寻找到的颜色遮罩输入，轮廓检测得到轮廓点向量，多边形拟合，边界矩形锁定，最后根据边界矩形确定目标颜色关键点。但本节操作是在视频中实现，需要使用到的改进方法就是设置新的点向量容器，将外形轮廓检测到的向量储存到新容器中，并且在使用这个模块的子函数时，加入循环结构，使其可以一直更新。新容器主要储存三种数据，分别为关键点的横坐标、关键点的纵坐标以及关键点的颜色种类。

这里又会引发一个问题：关键点如何确定？实际上，可以以颜色遮罩轮廓产生的任何点向量作为关键点，但是为了更加直观地显示出来，这里将同样使用边界矩形的上边界中点作为关键点。图 12-4 是使用边界矩形锁定颜色遮罩外形轮廓的示意图。

图 12-4　矩形框锁定

12.1.3　绘制关键点的行动路径

最后一步是将关键点在视频中的行动路径给绘制出来，具体也是用绘制图形功能函数"circle"，将关键点作为圆心来绘制。将绘制功能的函数放入循环之中，随着关键点位置的不断更新，圆心的位置也随之更新，这样连续的点就连接成为一条完整的线，从而绘制出关键点的行动路径。

12.1.4　案例优化

前面给出的操作内容均是对一个颜色的路径绘制。如果需要追踪多个目标（也就是多个颜色）的话，又该如何设置程序结构呢？

这里首先声明让目标颜色容器成为全局变量，之后为了优化颜色跟踪功能，使其能够同时检测多种颜色，在寻找目标颜色的模块中，在设置目标颜色遮罩上限阈值和下限阈值的步骤时，将其放入循环结构之中，在不同的变量下寻找不同的颜色，不再将上下限阈值固定死，而是通过变量来调整。具体代码如代码清单12-1、代码清单12-2所示。

代码清单12-1　颜色阈值储存容器代码

```
1.  vector<vector<int>>myColors{ {56,74,126,81,160,180},
    //绿色颜色通道上下限阈值
2.      {102,169,113,116,248,198} }; //蓝色颜色通道上下限阈值
```

代码清单12-2　跟踪颜色阈值代码

```
1.  for (int i=0; i<myColors.size(); i++)    //循环寻找多个目标颜色
2.  {
3.   Scalar lower(myColors[i][0],myColors[i][1],myColors[i][2]);
     //目标颜色下限阈值
4.   Scalar upper(myColors[i][3],myColors[i][4],myColors[i][5]);
     //目标颜色上限阈值
5.   Mat mask;
6.   inRange(imgHSV,lower,upper,mask);
```

12.1.5　代码演示

将整个颜色路径的绘制分为几个功能模块来进行实现，即将轮廓获取、颜色检测选择、颜色空间转换等操作划分为子模块，最后再到主函数中依次执行调用，也能够方便快捷地调整子模块中不合适的部分。

整体代码演示见代码清单12-3。

代码清单12-3　整体代码演示

```
1.  Mat img;//声明目标图像变量
2.  vector<vector<int>>newPoint;
3.  vector<vector<int>>myColors{ {56,74,126,81,160,180},
    //绿色颜色通道上下限阈值
4.      {102,169,113,116,248,198} }; //蓝色颜色通道上下限阈值
5.  vector<Scalar>myColorValues{ {255,0,0},                //蓝线绘制路径
6.      {0,255,0} };                      //绿线绘制路径
7.
8.  Point getContours(Mat Dilate)              //获取颜色轮廓点向量子函数
9.  {
10.  vector<vector<Point>>contours;            //声明获取的轮廓
11.  vector<Vec4i> hierarchy;                  //声明层级
12.
13.  findContours(Dilate,contours,RETR_EXTERNAL,CHAIN_APPROX_SIMPLE);
     //检测获取轮廓
```

```
14.    vector<vector<Point>>conPoly(contours.size());    //声明角点向量容器
15.    vector<Rect> boundRect(contours.size());    //声明边界矩形
16.    Point myPoint(0,0);
17.
18.    for (int i=0; i<contours.size(); i++)        //遍历轮廓
19.    {
20.        int area=contourArea(contours[i]);        //计算面积过滤干扰项
21.        cout<<area<<endl;
22.
23.        if (area>1000)
24.        {
25.            float peri=arcLength(contours[i],true);            //周长计算
26.            approxPolyDP(contours[i],conPoly[i],0.02 * peri,true); //多边形拟合
27.
28.            cout<<conPoly[i].size()<<endl;                    //打印角点数量
29.            boundRect[i]=boundingRect(conPoly[i]);//设置边界矩形
30.            myPoint.x=boundRect[i].x+boundRect[i].width /2;
               //利用边界矩形确定轮廓关键点
31.            myPoint.y=boundRect[i].y;
32.
33.            drawContours(img,conPoly,i,Scalar(255,0,255),1);    //轮廓绘制
34.            //边界矩形绘制
35.            rectangle(img,boundRect[i].tl(),boundRect[i].br(),Scalar(0,255,0),4);
36.        }
37.    }
38.    return myPoint;
39. }
40.
41. vector<vector<int>>findColor(Mat img)                //寻找目标颜色子函数
42. {
43.    Mat imgHSV;
44.    cvtColor(img,imgHSV,COLOR_BGR2HSV);//颜色空间转换
45.
46.    for (int i=0; i<myColors.size(); i++)    //循环寻找多个目标颜色
47.    {
48.        Scalar lower(myColors[i][0],myColors[i][1],myColors[i][2]);
               //目标颜色下限阈值
49.        Scalar upper(myColors[i][3],myColors[i][4],myColors[i][5]);
               //目标颜色上限阈值
50.        Mat mask;
51.        inRange(imgHSV,lower,upper,mask);
```

```
52.    Point myPoint=getContours(mask);
          //将颜色遮罩传入获取颜色轮廓点向量子函数中调用
53.    if (myPoint. x ! =0)
54.    {
55.     newPoint. push_back({ myPoint. x,myPoint. y,i });
          //储存外形轮廓点向量以及它所关联的目标颜色
56.    }
57.  }
58.  return newPoint;
59. }
60.
61. //路径绘制子函数
62. void drawCanvas(vector<vector<int>>newPoint,vector<Scalar>myColorValues)
63. {
64.  for (int i=0; i<newPoint. size(); i++)
65.  {
66.   circle(img,Point(newPoint[i][0],        //关键点 X 坐标
67.   newPoint[i][1]),                        //关键点 Y 坐标
68.   7,
69.   myColorValues[newPoint[i][2]],          //根据关键点的目标颜色选择绘制路径颜色
70.   FILLED);
71.  }
72. }
73.
74. void main()              //主函数
75. {
76.  VideoCapture cap(0);                 //调用摄像头
77.
78.  while (true)
79.  {
80.   cap. read(img);//读取摄像头
81.   flip(img,img,1);                    //图像翻转
82.   newPoint=findColor(img);//调用子函数,得到路径关键点
83.   drawCanvas(newPoint,myColorValues);//调用绘制路径函数
84.
85.   imshow("视频",img);                 //显示结果
86.   waitKey(1);
87.  }
88. }
```

多颜色跟踪效果如图 12-5 所示。

图 12-5　多颜色跟踪

12. 2　使用 VS Code 跟踪、绘制颜色路径

本节前半部分操作在第 11 章中均有详细的讲解和代码演示，所以本节中对重复部分仅进行代码演示和简要讲解。

12. 2. 1　调用摄像头

与前面章节一致，确保代码安全运行的同时可以按 q 键退出。

代码清单 12-4 所示为调用摄像头代码。

代码清单 12-4　调用摄像头代码

```
1.   int main() {
2.     //打开默认相机(摄像头)
3.     VideoCapture cap(0);
4.     if (! cap. isOpened()) {
5.       std::cout<< "Cannot open camera" <<std::endl;
         //如果无法打开相机,则输出错误信息
6.     return -1; //退出程序
7.     }
8.
9.     while (true) {
10.     Mat frame;
11.     bool ret＝cap. read(frame);//从摄像头读取一帧图像
12.     if (! ret) {
13.       std::cout<< "Can't receive frame" <<std::endl;
         //如果无法接收帧,则输出错误信息
```

```
14.    break;//退出循环
15.    }
16.
17.    //在窗口中显示原始图像和翻转后的图像
18.    imshow("frame",frame);//原始图像
19.
20.    //如果用户按下键盘上的'q'键,退出循环
21.    if (waitKey(1)=='q') {
22.    break;//退出循环
23.    }
24.    }
25.    cap.release();//释放相机占用的空间
26.    destroyAllWindows();//关闭所有窗口
27.    }
```

12.2.2 视频翻转

在代码中加入视频翻转函数，并展示新图像。

代码清单 12-5 中只展示 while 内的变化，其余与代码清单 12-4 一致。

代码清单 12-5 视频翻转代码

```
1.    while (true) {
2.    Mat frame;
3.    bool ret=cap.read(frame);//从摄像头读取一帧图像
4.    if (! ret) {
5.    std::cout<<"Can't receive frame" <<std::endl;
       //如果无法接收帧,则输出错误信息
6.    break;//退出循环
7.    }
8.
9.    Mat frameflip;
10.   flip(frame,frameflip,1);//翻转图像(水平翻转)
11.
12.   //在窗口中显示原始图像和翻转后的图像
13.   imshow("frame",frame);//原始图像
14.   imshow("flip",frameflip);//翻转后的图像
15.
16.   //如果用户按下键盘上的'q'键,退出循环
17.   if (waitKey(1)=='q') {
18.   break;//退出循环
19.   }
20.   }
```

12.2.3　进行颜色空间转换

在代码中加入颜色转换函数 cvtColor，把图像转换到 HSV 颜色空间，便于查找颜色，如代码清单 12-6 所示。

代码清单 12-6　颜色空间转换代码

```
1.   while (true) {
2.    Mat frame;
3.    bool ret=cap.read(frame);//从摄像头读取一帧图像
4.    if (! ret) {
5.     std::cout<<"Can't receive frame" <<std::endl;
      //如果无法接收帧,则输出错误信息
6.     break;//退出循环
7.    }
8.
9.    Mat frameflip;
10.   flip(frame,frameflip,1);//翻转图像(水平翻转)
11.
12.   Mat framehsv;
13.   cvtColor(frameflip,framehsv,COLOR_BGR2HSV);//转换图像到 HSV 颜色空间
14.
15.
16.   //在窗口中显示原始图像和 HSV 转换后的图像
17.   imshow("frame",frame);//原始图像
18.   imshow("hsv",framehsv);//HSV 颜色空间的图像
19.
20.   //如果用户按下键盘上的'q'键,退出循环
21.   if (waitKey(1)=='q') {
22.    break;//退出循环
23.   }
24. }
```

12.2.4　设置颜色通道

颜色通道的相关基础知识在第 11 章中已经提及，本节继续选用 HSV 色彩空间，三个颜色通道分别为色相（H）、饱和度（S）和亮度（V）。相比于代码清单 12-6，代码清单 12-7 增加部分为定义蓝色的三个颜色通道最小值与最大值的代码。

代码清单 12-7　设置颜色通道值代码

```
1.   while(true) {
```

```
2.   Mat frame;
3.   bool ret＝cap.read(frame);//从摄像头读取一帧图像
4.   if (! ret) {
5.    std::cout<<"Can't receive frame" <<std::endl;
     //如果无法接收帧,则输出错误信息
6.    break;//退出循环
7.   }
8.
9.   Mat frameflip;
10.  flip(frame,frameflip,1);//翻转图像(水平翻转)
11.
12.  Mat framehsv;
13.  cvtColor(frameflip,framehsv,COLOR_BGR2HSV);//转换图像到 HSV 颜色空间
14.
15.  //设置蓝色的颜色范围
16.  Scalar lower_blue(110,50,50);
17.  Scalar upper_blue(130,255,255);
18.
19.  //在窗口中显示原始图像和蓝色掩码
20.  imshow("frame",frame);//原始图像
21.  imshow("hsv",framehsv);//HSV 颜色空间的图像
22.
23.  //如果用户按下键盘上的'q'键,退出循环
24.  if (waitKey(1)＝＝'q') {
25.   break;//退出循环
26.  }
27. }
```

12.2.5　创建遮罩

创建蓝色遮罩的代码见代码清单 12-8。

代码清单 12-8　创建遮罩代码

```
1.   while (true) {
2.    Mat frame;
3.    bool ret＝cap.read(frame);//从摄像头读取一帧图像
4.    if (!ret) {
5.     std::cout<<"Can't receive frame" <<std::endl;
      //如果无法接收帧,则输出错误信息
6.     break;//退出循环
7.    }
8.
```

```
9.    Mat frameflip;
10.   flip(frame,frameflip,1);//翻转图像(水平翻转)
11.
12.   Mat framehsv;
13.   cvtColor(frameflip,framehsv,COLOR_BGR2HSV);//转换图像到HSV颜色空间
14.
15.   //设置蓝色的颜色范围
16.   Scalar lower_blue(110,50,50);
17.   Scalar upper_blue(130,255,255);
18.
19.   //创建蓝色掩码
20.   Mat mask;
21.   inRange(framehsv,lower_blue,upper_blue,mask);
22.
23.   //使用掩码对翻转后的图像进行位运算
24.   Mat frameand;
25.   bitwise_and(frameflip,frameflip,frameand,mask=mask);
26.
27.   //在窗口中显示原始图像和位运算后的图像
28.   imshow("frame",frame);//原始图像
29.   imshow("hsv",framehsv);//位运算后的图像
30.
31.   //如果用户按下键盘上的'q'键,退出循环
32.   if(waitKey(1)=='q'){
33.    break;//退出循环
34.   }
35. }
```

12.2.6 创建窗口

在进行颜色跟踪之前需要先确定颜色,所以仍然需要创建一个窗口用于存放 Track-bar。创建窗口代码如代码清单 12-9 所示。

代码清单 12-9 创建窗口代码

```
1.   int main(){
2.    //打开默认相机(摄像头)
3.    VideoCapture cap(0);
4.    if(!cap.isOpened()){
5.     std::cout << "Cannot open camera" << std::endl;
       //如果无法打开相机,则输出错误信息
6.     return -1; //退出程序
7.    }
```

```
8.
9.    //创建窗口,设置大小
10.   namedWindow("Window",WINDOW_AUTOSIZE);
11.   resizeWindow("new",640,640);
```

12.2.7　创建 Trackbar

使用 createTrackbar 函数分别创建出 H1 和 H2、S1 和 S2、V1 和 V2,用于后续选择出所需要的颜色。程序中会自动选择二者中较低的值作为下限,较高的值作为上限。到目前为止,全代码如代码清单 12-10、代码清单 12-11 所示。

代码清单 12-10　创建 Trackbar 代码（一）

```
1.    //回调函数,用于处理 Trackbar 值的变化
2.    void task(int numb) {
3.     std::cout<<numb<<std::endl;//打印 Trackbar 的值
4.    }
5.
6.    int main() {
7.    //打开默认相机(摄像头)
8.    VideoCapture cap(0);
9.    if (!cap.isOpened()) {
10.    std::cout<<"Cannot open camera"<<std::endl;
       //如果无法打开相机,则输出错误信息
11.    return -1; //退出程序
12.   }
13.
14.   //创建一个带有指定窗口名称的窗口,窗口大小会自动调整
15.   namedWindow("Window",WINDOW_AUTOSIZE);
16.   resizeWindow("Window",640,480);//调整窗口大小为 640×480 像素
17.
18.   //创建一组 Trackbar 用于调整 HSV 颜色阈值
19.   createTrackbar("H1","Window",0,255,task);
20.   createTrackbar("H2","Window",0,255,task);
21.   createTrackbar("S1","Window",0,255,task);
22.   createTrackbar("S2","Window",0,255,task);
23.   createTrackbar("V1","Window",0,255,task);
24.   createTrackbar("V2","Window",0,255,task);
```

代码清单 12-11　创建 Trackbar 代码（二）

```
1.    while (true) {
2.     Mat frame;
```

```cpp
3.      bool ret＝cap.read(frame);//从摄像头读取一帧图像
4.      if(!ret){
5.       std::cout<<"Can't receive frame"<<std::endl;
        //如果无法接收帧,则输出错误信息
6.       break;//退出循环
7.      }
8.
9.      Mat frameflip;
10.     flip(frame,frameflip,1);//翻转图像(水平翻转)
11.
12.     Mat framehsv;
13.     cvtColor(frameflip,framehsv,COLOR_BGR2HSV);//转换图像到 HSV 颜色空间
14.
15.     //获取 Trackbar 的当前值
16.     int h1＝getTrackbarPos("H1","Window");
17.     int s1＝getTrackbarPos("S1","Window");
18.     int v1＝getTrackbarPos("V1","Window");
19.     int h2＝getTrackbarPos("H2","Window");
20.     int s2＝getTrackbarPos("S2","Window");
21.     int v2＝getTrackbarPos("V2","Window");
22.
23.     //创建颜色阈值的上下界
24.     Scalar lower(std::min(h1,h2),std::min(s1,s2),std::min(v1,v2));
25.     Scalar upper(std::min(h1,h2),std::min(s1,s2),std::min(v1,v2));
26.
27.     Mat mask;
28.     //使用颜色阈值创建掩码
29.     inRange(framehsv,lower,upper,mask);
30.
31.     Mat frameand;
32.     //通过掩码执行按位与操作
33.     bitwise_and(frameflip,frameflip,frameand,mask＝mask);
34.
35.     //在窗口中显示图像
36.     imshow("frame",frame);//原始图像
37.     imshow("flip",frameflip);//翻转后的图像
38.     imshow("hsv",framehsv);//HSV 颜色空间的图像
39.     imshow("mask",mask);//颜色阈值的掩码
40.     imshow("and",frameand);//按位与操作的图像
41.
42.     //如果用户按下键盘上的'q'键,退出循环
43.     if(waitKey(1)＝＝'q'){
```

```
44.    break;//退出循环
45.    }
46. }
47.
48. cap.release();//释放相机占用的空间
49. destroyAllWindows();//关闭所有窗口
50. return 0;
```

12.2.8 确定目标颜色通道值

拥有了上述代码之后，就可以通过实时调节 Trackbar 来确定目标的颜色。

在正确地找到目标的 HSV 三通道范围后，将 Trackbar 所显示的值记录下来，便于后续进行颜色追踪的工作。

12.2.9 定义矩阵向量

在 Python 的 OpenCV 中，要想定义一个矩阵向量，需要 numpy 库的帮助，而在 C++中可以直接使用 Mat 来定义矩阵和向量。Mat 是 OpenCV 中用于表示多维矩阵的主要数据结构，它可以用来表示图像、矩阵、向量等。前面代码中定义 HSV 色彩空间三通道的上下限使用的则是 Scalar。Scalar 是 OpenCV 中一个结构体，用于表示多通道数据，通常用于表示颜色或像素值。它可以包含一个或多个标量值，具体取决于数据通道的数量。通常情况下，Scalar 用于表示 3 通道的 BGR 颜色或 4 通道的 BGRA 颜色。

除了用 OpenCV 定义矩阵与向量以外，在后面还会使用到 C++标准库提供的动态数组容器 "std::vector"，它可以存储和管理一系列具有相同数据类型的元素，是一个非常常用的容器。

代码清单 12-12 所示是一些常见的矩阵和向量的定义方式。

代码清单 12-12   定义矩阵和向量代码

```
1.  Mat emptyMatrix;//定义一个空的矩阵
2.  Mat matrix(3,2,CV_32F);     //定义一个二维矩阵(3 行 2 列的浮点数矩阵)
3.  Mat rowVector(1,5,CV_32S);  //定义一个行向量(例如,1 行 5 列的整数向量)
4.  Mat columVector(3,1,CV_64F); //定义一个列向量(例如,3 行 1 列的双精度浮点数向量)
5.  //定义一个包含初始值的矩阵
6.  Mat intializedMatrix=(cv::Mat_<float> (2,3) <<1.0,2.0,3.0,4.0,5.0,6.0);
7.  //定义一个包含初始值的向量
8.  Mat intializedVector=(cv::Mat_<int> (1,4) <<10,20,30,40);
9.
10. //创建 Scalar,表示不同的颜色
11. Scalar red(0,0,255);    //表示红色
12. Scalar red(0,255,0);    //表示绿色
13. Scalar red(255,0,0);    //表示蓝色
```

```
14.  Scalar red(255,255,255);   //表示白色
15.  //创建 Scalar,表示灰度值
16.  Scalar gray(128); //表示灰度值为 128 的像素
17.  Scalar lower_blue(110,50,50); //用作像素筛选的标量
18.
19.  std::vector<vector<Point>> contours; //储存轮廓的向量
20.  std::vector<Vec4i> hierarchy; //存储轮廓的层次结构信息
```

12.2.10　进行颜色空间转换

第 11 章及第 12 章前面部分所介绍的知识与代码，均是为了找到我们所需要的颜色而准备的，接下来将对颜色所在的像素位置进行跟踪。

要对一个物体进行跟踪，最重要的就是通过物体的特征，经过一系列的图像处理过滤掉不需要的噪声，得到我们需要的物体。而一个物体的特征包含许多方面，如颜色、形状、大小、出现位置等。将颜色进行初步过滤之后得到图 12-6 所示的画面。

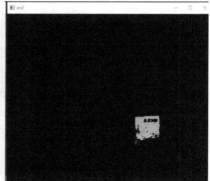

图 12-6　颜色遮罩过滤效果图（见书后彩插）

可以看到，画面中大部分噪声都被筛选掉，但仍然有一些细微的噪声可能会影响后续的操作，所以接下来将根据物体的其他特征来进行更精细的筛选。

使用轮廓进行筛选定位是图像处理中较为常见的方法。

而在进行轮廓检测与筛选之前，需要先改变图像的色彩空间为灰度图。代码演示如代码清单 12-13 所示。

代码清单 12-13　颜色空间转换代码

```
1.  int main() {
2.      //读取图像文件
3.  Mat img= imread("D:/sucai/three_patterns.jpg");
4.
5.      //将图像转换为灰度图
6.  Mat imggray;
7.  cvtColor(img,imggray,COLOR_BGR2GRAY);
```

```
8.
9.   //显示原始图像和灰度图
10.  imshow("img",img);
11.  imshow("imggray",imggray);
12.
13.  //等待用户按键,然后关闭窗口
14.  waitKey(0);
15.  destroyAllWindows();
16. }
```

12.2.11 轮廓检测

轮廓检测是计算机视觉技术中的一项重要任务,用于识别图像中的对象轮廓或边界。它可以帮助我们识别并提取图像中的形状、对象或物体的外部轮廓信息,通常在图像分析、图像处理和目标检测等领域应用广泛。本小节中将通过 OpenCV 对图像进行轮廓检测,所检测的图像为自行绘制的图像,如图 12-7 所示。

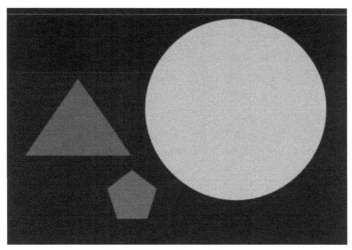

图 12-7　目标图像(一)

对于图像来说,轮廓就是沿着边缘相同颜色(或称为相同像素点强度)的所有连续点形成的曲线。具体来说,轮廓检测分为两个步骤:

第一步为找寻第一个边界点,内容为:从上到下,从左到右地在图片中找到第一个边界点。

第二步为从第一个边界点出发,找寻下一个边界点。其中,会通过四连通域(即像素点的上、下、左、右)或者八连通域(不仅包括上、下、左、右,还包括的左上、右上、左下、右下)来找,如图 12-8 所示。

在实际运算过程中,算法会根据四连通或八连通得到

	1	
4	P	2
	3	

(a)四连通

1	2	3
8	P	4
7	6	5

(b)八连通

图 12-8　轮廓连通图

的结果来判断一个点是否为边界点，判定方法为：如果一个像素非零（或非背景像素），且在它的四连通或八连通域中有其他的背景像素，则这个点为边界点。下一个边界点则通过同样的方法判断当前像素周围的像素是否为边界点来确定。

（1）轮廓查找函数"findContours"

findContours 函数是 OpenCV 中用于在二值化图像中查找对象轮廓的重要函数。它的主要功能是在输入的二值化图像中查找并提取对象的边界轮廓，并将这些轮廓保存下来。

findContours 函数的原文解释、参数释义在 9.4.1 节已有说明，此处不再赘述。

（2）轮廓检测代码演示

代码清单 12-14 所示为轮廓检测代码。

代码清单 12-14　轮廓检测代码

```
1.   int main() {
2.        //读取图像文件
3.   Mat img＝imread("D:/sucai/three_patterns.jpg");
4.
5.        //将图像转换为灰度图
6.   Mat imggray;
7.   cvtColor(img,imggray,COLOR_BGR2GRAY);
8.
9.   //查找轮廓
10.  std::vector<vector<Point>>contours; //储存轮廓的向量
11.  std::vector<Vec4i>hierarchy; //存储轮廓的层次结构信息
12.  findContours(imggray,contours,hierarchy,RETR_TREE,CHAIN_APPROX_SIMPLE);
13.
14.  //打印轮廓信息
15.  cout<<"Number of contours: " <<contours.size() <<endl;
16.
17.  //显示结果图像
18.  imshow("Contours",img);
19.  waitKey(0);                 //等待用户按键,然后关闭窗口
20.  destroyAllWindows();
21.  }
```

12.2.12　过滤干扰项

在对图像使用轮廓检测之后，往往会得到特别多的轮廓，因为图像中仍然存在许多噪声点以及我们所不需要的物体，它们会极大地影响下一步操作，所以需要有一步过滤操作来去除噪声的轮廓影响。常见的操作是找到面积最大的轮廓或周长，或者通过设定相关阈值来过滤掉干扰项。

在本小节中将通过对轮廓的面积、周长进行判断，筛选出画面中面积或周长最大的轮廓。所使用的测试图像如图 12-9 所示。

图 12-9   目标图像（二）

在图像中对于周长和面积的定义如下。

① 周长：

图像中对象的周长是指该对象的外边缘的长度，通常以像素为单位。

在轮廓检测中，通过计算对象轮廓的周长，可以了解对象的形状、边界和边缘的复杂性。

通过使用 arcLength 函数，可以计算轮廓的周长。这个函数采用轮廓作为输入，并返回轮廓的周长值。

找到测试图像中最大周长图形并用线条描出的效果如图 12-10 所示。

图 12-10   最大周长图形检测效果图

② 面积：

图像中对象的面积是指该对象所占据的像素数，通常以像素为单位。

面积可以用来衡量对象的大小、重要性以及与其他对象的相对大小。

通过使用 contourArea 函数，可以计算轮廓的面积。这个函数采用轮廓作为输入，并返回轮廓的面积值。

找到测试图像中最大面积图形并用线条描出的效果如图 12-11 所示。

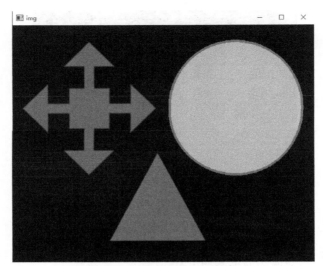

图 12-11　最大面积图形检测效果图

（1）弧长（周长）计算函数"arcLength"

arcLength 函数的功能描述、原文解释、参数释义在 9.4.2 节已有说明，此处不再赘述。该函数常用于图像处理和计算几何，特别是轮廓分析和形状检测。

（2）面积计算函数"contourArea"

contourArea 函数的功能描述、原文解释、参数释义在 9.5 节已有说明，此处不再赘述。

contourArea 函数与 arcLength 函数的使用方法大同小异，其返回的面积信息同样可以帮助我们过滤掉许多噪声点的轮廓。

需要注意的是，cv::contourArea 函数默认返回带符号的面积，可以是正数或负数，取决于轮廓的方向。如果要获得绝对值面积，可以使用 std::abs 函数来取绝对值。此外，要注意轮廓的单位与图像的单位相关，因此如果需要特定单位的面积，需要根据图像的实际单位进行转换。

（3）找到最大周长轮廓的代码演示

代码清单 12-15 所示为检测最大周长轮廓的代码。

代码清单 12-15　检测最大周长轮廓的代码

```
1.  int main() {
2.      //读取图像文件
3.      Mat img＝imread("D:/sucai/three_patterns.jpg");
4.
5.      //将图像转换为灰度图
6.      Mat imggray;
7.      cvtColor(img,imggray,COLOR_BGR2GRAY);
8.
9.      //查找轮廓
10.     std::vector<vector<Point>> contours; //储存轮廓的向量
11.     std::vector<Vec4i> hierarchy; //存储轮廓的层次结构信息
12.     findContours(imggray,contours,hierarchy,RETR_TREE,CHAIN_APPROX_SIMPLE);
```

```
13.
14.    //初始化最大周长和对应的轮廓索引
15.    double max_perimeter=0;
16.    int max_perimeter_contour_idx=-1;
17.
18.    //寻找最大周长的轮廓
19.    for (int i=0; i<contours.size();++i) {
20.      double perimeter=arcLength(contours[i],true);
21.      if (perimeter>max_perimeter) {
22.        max_perimeter=perimeter;
23.        max_perimeter_contour_idx=i;
24.      }
25.    }
26.
27.    //在图像上用红色绘制最大周长的轮廓
28.    drawContours(img,contours,max_perimeter_contour_idx,Scalar(0,0,255),4);
29.
30.    //打印轮廓信息
31.    cout<<"Number of contours: " <<contours.size() <<endl;
32.
33.    //显示结果图像
34.    imshow("img",img);
35.    waitKey(0);//等待用户按键,然后关闭窗口
36.    destroyAllWindows();
37.  }
```

其中，关于轮廓绘制函数，会在下一小节中进行介绍。

（4）找到最大面积轮廓的代码演示

代码清单 12-16 所示为检测最大面积轮廓的代码。

代码清单 12-16　检测最大面积轮廓的代码

```
1.   int main() {
2.      //读取图像文件
3.      Mat img=imread("D:/sucai/three_patterns.jpg");
4.
5.      //将图像转换为灰度图
6.      Mat imggray;
7.      cvtColor(img,imggray,COLOR_BGR2GRAY);
8.
9.      //查找轮廓
10.     std::vector<vector<Point>> contours; //储存轮廓的向量
11.     std::vector<Vec4i> hierarchy; //存储轮廓的层次结构信息
12.     findContours(imggray,contours,hierarchy,RETR_TREE,CHAIN_APPROX_SIMPLE);
```

```
13.
14.   //初始化最大面积和对应的轮廓索引
15.   double max_area=0;
16.   int max_area_contour_idx=-1;
17.
18.   //寻找最大面积的轮廓
19.   for (int i=0; i<contours.size();++i) {
20.   double area=contourArea(contours[i]);
21.   if (area>max_area) {
22.    max_area=area;
23.    max_area_contour_idx=i;
24.   }
25.   }
26.
27.   //在图像上用红色绘制最大面积的轮廓
28.   drawContours(img,contours,max_area_contour_idx,Scalar(0,0,255),4);
29.
30.   //打印轮廓信息
31.   cout<<"Number of contours: " <<contours.size() <<endl;
32.
33.   //显示结果图像
34.   imshow("img",img);
35.   waitKey(0);
36.   destroyAllWindows();
37. }
```

12.2.13　轮廓绘制

在拥有了轮廓之后，让其直接展示在原图上是最直观的方法，这就需要使用 OpenCV 的 drawContours 函数将轮廓绘制出来。轮廓绘制出来后，除了可以很方便地对轮廓检测、过滤的结果进行观察之外，也可以通过在新建白底（像素为 255）的画面上画出轮廓，用于制作遮罩，达到将轮廓扣出的效果。

（1）轮廓绘制函数"drawContours"

drawContours 函数的功能描述、原文解释、参数释义在 9.4.5 节已有说明，此处不再赘述。

此函数将轮廓绘制在输入图像上，可以用指定的颜色和线型绘制轮廓线，或者填充轮廓内部。这对于在图像上可视化检测到的对象轮廓非常有用，也可用于在图像处理和计算机视觉任务中进行特征提取和分析。

此函数的参数较多，但是并不难理解，其中有一些参数也不会经常用到，例如 lineType、hierarchy、maxLevel、offset。

（2）轮廓绘制代码演示

代码清单 12-17 所示为轮廓绘制代码。

代码清单 12-17　轮廓绘制代码

```
1.   int main() {
2.    //读取图像文件
3.    Mat img＝imread("D:/sucai/three_patterns.jpg");
4.
5.    //将图像转换为灰度图
6.    Mat imggray;
7.    cvtColor(img,imggray,COLOR_BGR2GRAY);
8.
9.    //查找轮廓
10.   std::vector<vector<Point>> contours; //储存轮廓的向量
11.   std::vector<Vec4i> hierarchy; //存储轮廓的层次结构信息
12.   findContours(imggray,contours,hierarchy,RETR_TREE,CHAIN_APPROX_SIMPLE);
13.
14.   //初始化最大面积和对应的轮廓索引
15.   double max_area＝0;
16.   int max_area_contour_idx＝-1;
17.
18.   //寻找最大面积的轮廓
19.   for (int i＝0; i<contours.size();＋＋i) {
20.    double area＝contourArea(contours[i]);
21.    if (area>max_area) {
22.     max_area＝area;
23.     max_area_contour_idx＝i;
24.    }
25.   }
26.
27.   //创建一个空图像(黑色背景)来绘制最大面积的轮廓
28.   Mat imgblack＝Mat::zeros(img.size(),img.type());
29.
30.   //在图像上用红色绘制最大面积的轮廓
31.   drawContours(img,contours,max_area_contour_idx,Scalar(0,0,255),4);
32.   //在创建的空图像上绘制轮廓
33.   drawContours(imgblack,contours,max_area_contour_idx,Scalar(255,255,255),4);
34.
35.   //显示结果图像
36.   imshow("img",img);
37.   imshow("black",imgblack);
38.   waitKey(0);
39.   destroyAllWindows();
40.  }
```

12.2.14　矩形绘制

在图像处理中，绘制矩形是常用的操作。例如，在经过前面章节的操作后，我们获得了所需要的物体的轮廓信息，就可以通过矩形绘制函数将物体在图中用一个矩形框出，如图 12-12 所示。

图 12-12　矩形框效果图

（1）矩形绘制函数"rectangle"

rectangle 函数的功能描述、原文解释、参数释义在 7.2.3 节已有说明，此处不再赘述。

此函数可以通过输入矩形的左上角坐标和右下角坐标来在图像上绘制矩形。

作为测试，我们可以创建一个空白画布，然后通过设定矩形左上角与右下角坐标、矩形颜色、线条宽度等参数绘制不同的矩形，如图 12-13 所示。

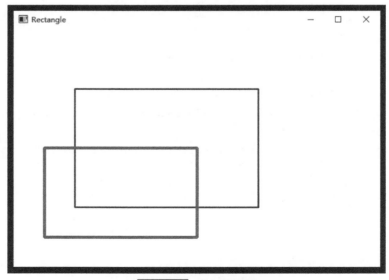

图 12-13　绘制矩形图

（2）矩形绘制代码演示

代码清单 12-18 所示为矩形绘制代码。

代码清单 12-18　矩形绘制代码

```
1.  int main() {
2.      //创建一个空白图像
3.  Mat img(400,600,CV_8UC3,Scalar(255,255,255));
4.
5.  //绘制第一个矩形
6.  rectangle(img,Point(100,100),Point(400,300),Scalar(255,0,0),2);
7.
8.  //绘制第二个矩形
9.  rectangle(img,Point(50,200),Point(300,350),Scalar(0,0,255),4);
10.
11. //显示图像
12. imshow("Rectangle",img);
13. waitKey(0);
14. destroyAllWindows();
15. }
```

12.2.15　创建遮罩

创建遮罩的相关知识与代码演示在第 11 章提及过，在 12.2.8 小节中已经确定了需要寻找的物体的 HSV 三通道值，则在本步骤对图像创建相应的遮罩以便找到所需要的颜色。

12.2.16　颜色检测

颜色检测的相关知识在第 11 章提及过，本步骤与 12.2.15 小节共同筛选出所需要的颜色。

12.2.17　圆形绘制

圆形绘制在 OpenCV 中也是较为常见的操作，其功能与矩形绘制较为相近，也常常用于绘制圆心、绘制点。

（1）圆形绘制函数"circle"

circle 函数的功能描述、原文解释、参数释义在 7.2.2 节已有说明，此处不再赘述。

此函数可以通过输入圆心坐标与半径来绘制圆形，同时也可以选择较小的半径与负数的线条宽度来达到绘制一个点的效果，如图 12-14 所示。

（2）圆形绘制代码演示

代码清单 12-19 所示为圆形绘制代码。

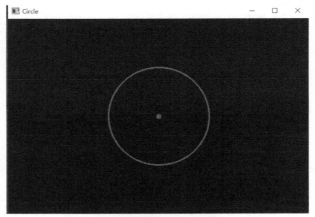

图 12-14 圆形绘制图

代码清单 12-19　圆形绘制代码

```
1.   int main() {
2.       //创建一个空白图像
3.   Mat img(400,600,CV_8UC3,Scalar(0,0,0));
4.
5.       //绘制圆,线条宽度为 2
6.   circle(img,Point(300,200),100,Scalar(0,0,255),2);
7.
8.       //绘制圆心
9.   circle(img,Point(300,200),5,Scalar(0,0,255),-1);
10.
11.      //显示图像
12.  imshow("Circle",img);
13.  waitKey(0);
14.  destroyAllWindows();
15. }
```

12.2.18　轨迹绘制

对于颜色追踪来说,可以通过画出物体的运动轨迹来更好地观察其状态。在此之前介绍了绘制矩形与绘制圆形,所以对于颜色追踪的思路为:

① 找到对应颜色。

② 进行轮廓检测。

③ 过滤轮廓。

④ 将轮廓拟合成矩形并绘制。

⑤ 通过拟合的矩形找到矩形中心坐标。

⑥ 使用圆形绘制出圆心,并把圆心放入一个容器中。

⑦ 每一帧画面都绘制出容器里所有的圆心，并在达到一定数量后清除最开始保存的圆心。

其中会用到一个轮廓拟合函数。对于 OpenCV 来说，轮廓可以进行多种拟合，常用的有拟合矩形、拟合圆形等。

（1）轮廓拟合成矩形函数"boundingRect"

boundingRect 函数是 OpenCV 中用于计算轮廓的外接矩形的函数。该函数用于找到包围轮廓的最小矩形，通常是水平或垂直的矩形，以包含整个轮廓区域。

boundingRect 函数的功能描述、原文解释、参数释义在 9.4.4 节已有说明，此处不再赘述。

（2）轮廓拟合成矩形的代码演示

代码清单 12-20 所示为轮廓拟合成矩形的代码。

代码清单 12-20　轮廓拟合成矩形的代码

```
1. Rect boundingRect＝boundingRect(max_perimeter_contour); //获取外接矩形
2. rectangle(frameflip,boundingRect,Scalar(0,255,0),2);//在外接矩形上绘制矩形
```

12.2.19　代码演示

代码清单 12-21 所示为颜色追踪代码。

代码清单 12-21　颜色追踪代码

```
1.   int main() {
2.   VideoCapture cap(0);
3.   if (！cap.isOpened()) {
4.    std::cout<<"Cannot open camera" <<std::endl;//如果无法打开相机,则输出错误信息
5.    return -1;
6.   }
7.
8.   std::vector<Point>point_list;//用于储存轨迹点的向量
9.
10.  while (true) {
11.   Mat frame;
12.   bool ret＝cap.read(frame);
13.   if (！ret) {
14.   std::cout<<"Can't receive frame" <<std::endl;
15.   break;
16.   }
17.
18.  Mat frameflip;
19.  flip(frame,frameflip,1);//翻转图像(水平翻转)
20.
```

```
21.    Mat framehsv;
22.    cvtColor(frameflip,framehsv,COLOR_BGR2HSV);//转换图像到 HSV 颜色空间
23.
24.    Scalar lowerblue(97,51,200);//蓝色物体的下界颜色
25.    Scalar upperblue(134,116,255);//蓝色物体的上界颜色
26.    Mat mask;
27.    inRange(framehsv,lowerblue,upperblue,mask);//创建蓝色物体的掩码
28.
29.    Mat frameand;
30.    bitwise_and(frameflip,frameflip,frameand,mask=mask);//使用掩码提取蓝色物体
31.
32.    Mat framegray;
33.    cvtColor(frameand,framegray,COLOR_BGR2GRAY);//转换为灰度图像
34.
35.    std::vector<std::vector<Point>> contours;
36.    findContours(framegray,contours,RETR_EXTERNAL,CHAIN_APPROX_SIMPLE);
       //查找轮廓
37.
38.    if (! contours.empty()) {
39.      double max_perimeter=0;
40.      std::vector<Point>max_perimeter_contour;
41.
42.      for (const auto&contour: contours) {
43.        double perimeter=arcLength(contour,false);//计算轮廓周长
44.        if (perimeter>max_perimeter) {
45.          ax_perimeter=perimeter;
46.          max_perimeter_contour=contour;
47.        }
48.      }
49.
50.      if (!max_perimeter_contour.empty()) {
51.        Rect boundingRect=boundingRect(max_perimeter_contour);//获取外接矩形
52.        rectangle(frameflip,boundingRect,Scalar(0,255,0),2);//在外接矩形上绘制矩形
53.
54.        Pointcenter_point(boundingRect.x+boundingRect.width / 2,
55.        boundingRect.y+boundingRect.height /2);//计算矩形中心点
56.
57.        if (point_list.size() >20) {
58.          point_list.erase(point_list.begin());//如果轨迹点过多,删除最早的点
59.        }
60.        for (const auto& point : point_list) {
61.          circle(frameflip,point,4,Scalar(0,0,255),-1);//在轨迹点上绘制红色圆点
```

```
62.      }
63.    }
64.    else {
65.     point_list.clear();//清空轨迹点列表
66.    }
67.   }
68.
69.   imshow("frame",frame);
70.   imshow("result",frameflip);
71.
72.   if (waitKey(1)=='q') {
73.    break;
74.   }
75.  }
76. }
```

最终代码运行效果如图 12-15 所示。

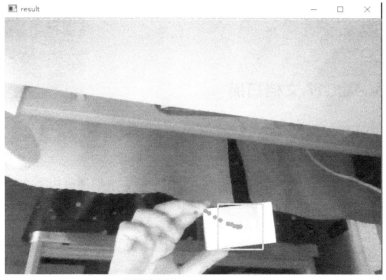

 颜色追踪效果图

小结

本章利用第 11 章选择出来的颜色进行锁定检测，并且是在摄像头实时影像下进行的动态检测。该操作属于综合类型的图像处理操作，涉及许多不同类型 OpenCV 功能函数，组合构成不同的图像处理模块，需要反复练习掌握。

第13章
文档扫描

利用 OpenCV 实现文档扫描功能作为提高篇最后一章的内容,综合使用了很多功能函数,目的也是让读者熟练掌握一般图像实际处理的流程,以及让读者对 OpenCV 库的函数调用有一定的了解和认识。

文档扫描是将纸质文件或图像文件转换为数字文档的过程。这个过程通常涉及使用扫描仪或相机将纸质文档或图像捕捉成数字形式,然后保存在计算机或云存储器中。

文档扫描同样可以利用计算机视觉库 OpenCV,将纸质文件或图像文件转换为数字文档。该过程包括图像加载、预处理、文档轮廓检测、透视变换和结果保存等步骤。通过这些步骤,可以自动捕捉、裁剪和校正文档图像,以便将它们转换为高质量的数字副本,便于存储、共享和处理。这是一项非常实用的技术,可用于文档归档、数字化工作流程以及文档管理等应用领域。

13.1 VS 2017 文档扫描

本节将使用 VS 2017 进行文档扫描实验。如同第 12 章,本节中不会出现大量的新功能函数,而是将前文所介绍的内容总结、整合起来。本节可以作为一个非常完善的项目,其中包含了图像的预处理、轮廓获取、寻找关键点和目标文档翘曲几个部分的应用。

第 8 章介绍了如何翘曲图片中的扑克牌:通过画图软件的协助来确定关键点,以此来翘曲目标。本节将完全依靠 OpenCV 中的功能来实现从任意图像中翘曲文档,不依赖其他辅助工具,将图像中的文档以 A4 纸张的大小扫描、翘曲出来。这也是非常接近实际应用的实践项目。具体效果如图 13-1 所示。

13.1.1 图像的预处理

同样地,为了更好地处理、识别图像中的目标,需要进行一系列的预处理:首先将原图像转化为灰度图像;然后添加滤波,使用边缘检测,寻找所有的边缘;最后,对边缘进行膨胀操作,让图像特征更加突出。一旦找到了目标的边缘,就会知道目标的位置,知道位置之后,就可以根据目标位置的角点进行下一步操作,所以预处理操作也是必不可少的。

本小节会对原图像进行一系列预处理,获得原图像二值化后的图像,如图 13-2 所示。

(a) 原图　　　　　　　　　　　　　(b) 扫描后的图

图 13-1　文档扫描效果图

(a) 原图　　　　　　　　　　　　　(b) 预处理后的图

图 13-2　预处理效果图

13.1.2　轮廓获取

对于轮廓的获取，从二值图上可以看出图像中有许多线条轮廓，但我们只需要文档的轮廓。从图 13-2 中可以看到，图中文档的边缘矩形是最大的，所以我们就以获取到的最大矩形轮廓作为目标。接下来就应该围绕寻找二值图中的最大矩形轮廓来操作。

在第 9 章，通过案例优化介绍了根据形状图形的面积来过滤干扰项的方法。类似地，寻找最大矩形轮廓也是通过遍历图像中所有矩形的面积来筛选出最大的矩形轮廓面积，进而确定目标。

由于本节目的是将文档翘曲为 A4 纸大小的标准文档格式，所以一定是以目标图像中的文档作为对象进行翘曲，而文档就应当视作矩形的轮廓而不应该是三角形或圆形等形状

图 13-3　轮廓选取

的轮廓。所以为了更好地找到目标文档，需要进一步进行轮廓的筛选，排除掉非矩形轮廓。当然，矩形轮廓区别于其他形状轮廓的地方就是它拥有固定数量（4 个）的角点，因此限制只能选择有 4 个角点的轮廓形状，从而达到目的。而前面所提到的关于最大矩形轮廓的选取，实际上就是选取最大矩形轮廓的 4 个角点向量并进行更新、储存。筛选得到的最大矩形轮廓如图 13-3 所示。

具体来讲，我们将在 OpenCV 中设置循环判断的结构来筛选最大矩形的 4 个角点。首先，外置的循环结构将实现遍历目标图像中的所有轮廓形状，再进行第一次判断以确定遍历的形状面积是否达到限定要求，以此来过滤掉不必要的干扰项；第二次判断中，将判断遍历的形状是否比上一个形状面积更大并且有且仅有 4 个角点，同时满足这两个条件的情况下才能将这 4 个角点更新、储存。在 OpenCV 中的程序结构如代码清单 13-1 所示。

代码清单 13-1　最大轮廓选择代码

```
1.   for (int i=0; i<contours.size(); i++)            //遍历图像,寻找最大矩形轮廓
2.   {
3.    int area=contourArea(contours[i]);
4.    cout<<area<<endl;
5.
6.    if (area>1000)
7.    {
8.     float peri=arcLength(contours[i],true);
9.     approxPolyDP(contours[i],conPoly[i],0.02 * peri,true);
10.
11.    if (area>maxArea && conPoly[i].size()==4)
12.    {
13.    //drawContours(imgOriginal,conPoly,i,Scalar(255,0,255),5);
       //绘制最大矩形轮廓
14.    biggest={ conPoly[i][0],conPoly[i][1],conPoly[i][2],conPoly[i][3] };
       //储存最大矩形轮廓角点
15.    maxArea=area;
16.    }
17.   }
18.  }
```

代码清单 13-1 中，maxArea 是最大面积的更新、储存容器，初始值为 0；biggest 则

是更新、储存最大矩形轮廓 4 个角点的容器。

13.1.3　角点获取

前面提到，本案例不采用外部的辅助工具来获取角点坐标进行翘曲，而是完全通过 OpenCV 的功能函数进行翘曲，这样就会产生一个问题：当我们使用画图等工具进行角点坐标的确定时，完全可以自定义确定角点顺序，从而让翘曲后的目标标准、方正地呈现在我们的眼前，而不会是歪歪扭扭、左右颠倒或上下颠倒的样子；但在本节中，我们将通过自动扫描文档来确定角点的位置，这样就会导致确定下来的角点顺序不标准，最后使得翘曲后的结果不理想，所以必须要对确定下来的角点进行重新排序。图 13-4 是未排序和重新排序的角点顺序图。

(a) 未排序

(b) 重新排序

图 13-4　角点排序效果图

由图 13-4 可以看出，未经排序的角点顺序与透视变换矩阵函数"getPerspective Transform"需要的角点顺序是不同的，所以对角点的重新排序是必须要进行的操作。

当我们知道角点的正确排序方式时，如何正确排序就成为首先需要解决的问题。本节中，我们将通过设置加法向量和减法向量来确定四个角点排序。在 OpenCV 中的具体排序方式如代码清单 13-2 所示。

代码清单 13-2　角点排序代码

```
1.   vector<Point>reorder(vector<Point>points)    //角点重新排序模块
2.   {
3.    vector<Point>newPoints;
4.    vector<int>sumPoints,subPoints;
5.    for (int i=0; i<4; i++)
6.    {
7.     sumPoints.push_back(points[i].x+points[i].y);
```

```
8.      subPoints.push_back(points[i].x-points[i].y);
9.   }
10.   newPoints.push_back(points[min_element(sumPoints.begin(),sumPoints.end
()) -sumPoints.begin()]);//0
11.   newPoints.push_back(points[max_element(subPoints.begin(),subPoints.end
()) -subPoints.begin()]);//1
12.   newPoints.push_back(points[min_element(subPoints.begin(),subPoints.end
()) -subPoints.begin()]);//2
13.   newPoints.push_back(points[max_element(sumPoints.begin(),sumPoints.end
()) -sumPoints.begin()]);//3
14.
15.   return newPoints;
16.  }
```

对代码清单 13-2 的设置方式解释如下：

首先，设置了新点向量的储存容器，将排序好的点向量推入这个新点向量容器中。

其次，设置了加法向量和减法向量，用于区分每个点向量的顺序。具体来讲，对于加法向量来说，就是将输入的点向量 X 坐标值与 Y 坐标值相加。其中，数值和最大的元素一定是排序中最后一个向量，也就是第"3"向量；数值和最小的元素便是排序中第一个向量，也就是第"0"向量。对于减法向量来说，X 坐标值减去 Y 坐标值的差值最大的，便是排序第二的向量，也就是第"1"向量；差值最小的，便是排序第三的向量，也就是第"2"向量。

这里还有一个值得注意的点，即无论在加法向量还是减法向量中，都进行了减去首地址的操作，因为只有这样，才能得到其中点向量正确的索引编号。

当能够顺利地将目标图像中翘曲对象的 4 个关键角点向量找到并按照规定顺序排序时，也就可以对任何这类文档目标进行自动扫描翘曲，不再需要去手动寻找角点。

13.1.4 文档翘曲

接下来对目标文档进行翘曲的操作，我们将以 A4 纸大小的格式来翘曲所扫描的文档。在获取了源图像文档的 4 个角点向量坐标后，在进行文档翘曲时，还需要变换后的坐标点。这一点和第 8 章相同，唯一不同的点是，本案例需要按照 A4 纸张的大小来完成翘曲文档时的高度和宽度的设置。

由于在 OpenCV 中进行图像处理时，都是以像素为单位进行处理的，常规 A4 纸张的尺寸单位不适用于图像处理，所以这里将 A4 纸张的高度和宽度（以像素为单位）乘以 2 的大小来当作像素点矩阵尺寸大小来使用。文档翘曲中，设置宽度和高度的值分别为 width=420，height=596。文档翘曲结果如图 13-5

图 13-5 翘曲效果图

所示。

13.1.5　案例优化

将文档翘曲后可以看到，目标文档被完整地翘曲出来，但是在翘曲出来的文档上方也
可以发现有细小的黑色缝隙，这表明源图像的一部分
背景也被翘曲过来了。而这部分黑色缝隙（背景）就
是需要优化的对象，以使得翘曲文档更加直观。

在图像处理中，我们习惯把感兴趣的图像区域称
作 ROI（region of interest）区域。在 OpenCV 中，
将设置一个 Rect 类来规划提取 ROI 区域，对已经翘
曲的文档图像进行进一步提取优化，裁剪掉不需要的
黑色缝隙。图 13-6 是经过优化的文档效果图。

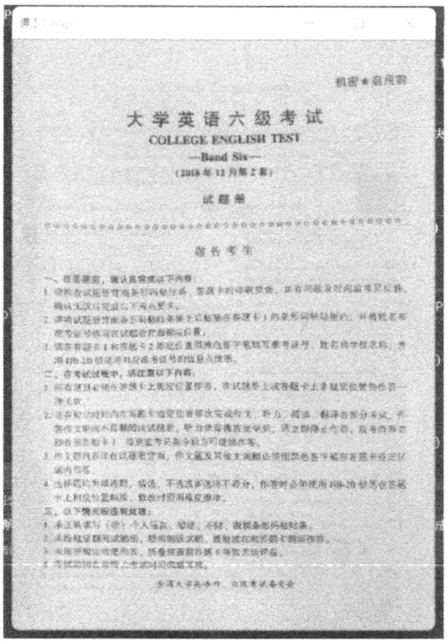

如图 13-6 所示，在翘曲文档的上方已经看不见黑
色的缝隙了，使得整体以更像完整文档的模样呈现
出来。

图 13-6　优化效果图

13.1.6　代码演示

代码清单 13-3 包含声明变量以及图像的预处理模
块、文档角点检测模块、角点绘制模块和文档翘曲模
块、角点重新排序模块、主函数模块，并完整地给出了所需的头文件。

代码清单 13-3　预处理代码

```
1.  #include<opencv2/imgcodecs.hpp>
2.  #include<opencv2/highgui.hpp>
3.  #include<opencv2/imgproc.hpp>
4.  #include<iostream>
5.
6.  using namespace std;
7.  using namespace cv;
8.
9.  Mat imgOriginal,imgGray,imgDil,imgBlur,imgCanny,imgThre,imgErode,imgWarp,
imgCrop;
10. vector<Point>initialPoints,docPoints;
11.
12. float w=420,h=596;              //设置翘曲宽度与高度
13.
14. Mat preProcessing(Mat img)      //图像预处理
15. {
16.   cvtColor(img,imgGray,COLOR_BGR2GRAY);
```

```
17.   GaussianBlur(imgGray,imgBlur,Size(3,3),3);
18.   Canny(imgBlur,imgCanny,27,77);
19.
20.   Mat kernel=getStructuringElement(MORPH_RECT,Size(3,3));
21.   dilate(imgCanny,imgDil,kernel);
22.   //erode(imgDil,imgErode,kernel);
23.   return imgDil;
24. }
25.
26. vector<Point> getContours(Mat img)                      //文档角点检测模块
27. {
28.   vector<vector<Point>> contours;                       //变量声明
29.   vector<Vec4i> hierarchy;
30.
31.   findContours(img,contours,hierarchy,RETR_EXTERNAL,CHAIN_APPROX_SIMPLE);
      //寻找轮廓
32.   vector<vector<Point>> conPoly(contours.size());       //变量声明
33.   vector<Rect> boundRect(contours.size());
34.   vector<Point> biggest;
35.   int maxArea=0;
36.
37.   for (int i=0; i<contours.size(); i++)          //遍历图像,寻找最大矩形轮廓
38.   {
39.     int area=contourArea(contours[i]);
40.     cout<<area<<endl;
41.
42.
43.     if (area>1000)
44.     {
45.       float peri=arcLength(contours[i],true);
46.       approxPolyDP(contours[i],conPoly[i],0.02*peri,true);
47.
48.       if (area>maxArea && conPoly[i].size()==4)
49.       {
50.         //drawContours(imgOriginal,conPoly,i,Scalar(255,0,255),5);
          //绘制最大矩形轮廓
51.         biggest={ conPoly[i][0],conPoly[i][1],conPoly[i][2],conPoly[i][3] };
          //储存最大矩形轮廓角点
52.         maxArea=area;
53.       }
54.     }
55.   }
```

```
56.    return biggest;
57. }
58.
59. void drawPoints(vector<Point>points,Scalar color)
60. {
61.   for (int i=0; i<points.size(); i++)
62.   {
63.     circle(imgOriginal,points[i],21,color,FILLED);
64.     putText(imgOriginal,to_string(i),points[i],FONT_HERSHEY_PLAIN,14,color,7);
65.   }
66. }
67.
68. Mat getWarp(Mat img,vector<Point>points,float w,float h)      //文档翘曲模块
69. {
70.   Point2f src[4]={ points[0],points[1],points[2],points[3] };
71.   Point2f dst[4]={ {0.0f,0.0f},{w,0.0f},{0.0f,h},{w,h} };
72.
73.   Mat matrix=getPerspectiveTransform(src,dst);
74.   warpPerspective(img,imgWarp,matrix,Point(w,h));
75.   return imgWarp;
76. }
77.
78. vector<Point> reorder(vector<Point>points)      //角点重新排序模块
79. {
80.   vector<Point> newPoints;
81.   vector<int> sumPoints,subPoints;
82.   for (int i=0; i<4; i++)
83.   {
84.     sumPoints.push_back(points[i].x+points[i].y);
85.     subPoints.push_back(points[i].x-points[i].y);
86.   }
87.   newPoints.push_back(points[min_element(sumPoints.begin(),sumPoints.end
())-sumPoints.begin()]);//0
88.   newPoints.push_back(points[max_element(subPoints.begin(),subPoints.end
())-subPoints.begin()]);//1
89.   newPoints.push_back(points[min_element(subPoints.begin(),subPoints.end
())-subPoints.begin()]);//2
90.   newPoints.push_back(points[max_element(sumPoints.begin(),sumPoints.end
())-sumPoints.begin()]);//3
91.
92.   return newPoints;
93. }
```

```
94.
95.  void main()
96.  {
97.    namedWindow("src",0);                                //创建源图像显示窗口
98.    imgOriginal=imread("D:/sucai/文档扫描.jpg");           //读取目标图像
99.    resize(imgOriginal,imgOriginal,Size(),0.5,0.5);//重设图像大小
100.
101.   imgThre=preProcessing(imgOriginal);//图像预处理
102.   initialPoints=getContours(imgThre);//获取最大矩形轮廓
103.   //drawPoints(initialPoints,Scalar(0,0,255));         //初始角点绘制
104.   if (initialPoints.size() !=NULL && initialPoints.size()==4)//判断角点数量
105.   {
106.    docPoints=reorder(initialPoints);//角点重新排序
107.
108.    imgWarp=getWarp(imgOriginal,docPoints,w,h);//文档翘曲
109.
110.    int CropVal=15;                                     //ROI 区域选取
111.    Rectroi(CropVal,CropVal,w-(2 * CropVal),h-(2 * CropVal));
112.    imgCrop=imgWarp(roi);
113.   }
114.   //drawPoints(docPoints,Scalar(0,255,0));             //重新排序后进行角点绘制
115.
116.   imshow("src",imgOriginal);                           //显示结果
117.   imshow("Warp",imgWarp);
118.   imshow("Crop",imgCrop);
119.
120.   waitKey(0);
121. }
```

13.2　VS Code 文档扫描

本节将使用 VS Code 平台实现文档扫描，具体步骤如下。

13.2.1　读取目标图像

读取目标图像是指从磁盘或其他存储设备中将图像数据加载到计算机内存中，以便做进一步处理和分析。在计算机视觉和图像处理中，读取图像通常是图像处理任务的第一步。

（1）读取图片、视频功能函数 "imread"

imread 函数的功能描述、原文解释、参数释义在 4.4.3 节已有说明，此处不再赘述。

（2）读取图像代码演示

代码清单 13-4 所示为读取图像代码。

代码清单 13-4　读取图像代码

```
1. int main() {
2.    //以彩色模式(默认模式)读取图像
3.    Mat image_color＝imread("image.jpg",IMREAD_COLOR);
4.
5.    //以灰度模式读取图像
6.    Mat image_grayscale＝imread("image.jpg",IMREAD_GRAYSCALE);
7. }
```

13.2.2　预处理：高斯模糊

高斯模糊是一种常用的图像处理技术，旨在减小图像中的噪声点并平滑图像，从而降低图像中的噪声点的影响。高斯模糊的基本原理是对每个像素周围的像素值进行加权平均。这个权重是由高斯函数确定的，它使得离中心像素更近的像素具有更高的权重，而离中心像素更远的像素具有更低的权重。

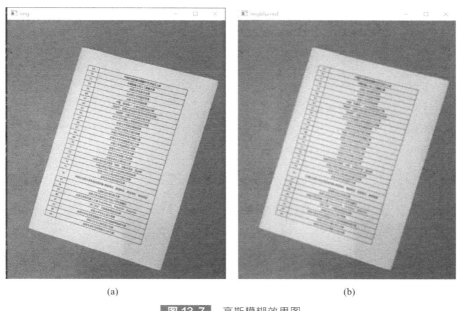

(a)　　　　　　　　　　　　　　　(b)

图 13-7　高斯模糊效果图

图 13-7（b）为高斯模糊后的图像，相比于图（a）更加平滑、模糊。

除了高斯模糊以外，还有其他方法能够对图像进行平滑处理，如均值滤波、中值滤波等。但是均值滤波的平均思想对于图像来说太过绝对了。对于一个像素点，距离中心像素点的位置越远，其对于中心点的影响显然越低。高斯滤波就很好地解决了这个问题：高斯滤波将处于卷积核中心点进行计算时的权重加大，而距离中心像素点较远的权重则减小。3×3 的卷积核如图 13-8 所示。

0.05	0.1	0.05
0.1	0.4	0.1
0.05	0.1	0.05

图 13-8 高斯
模糊卷积核

OpenCV 中提供了高斯模糊算子，利用高斯模糊算子进行模糊处理就是我们常听到的高斯模糊。

（1）高斯模糊函数"GaussianBlur"

GaussianBlur 函数的功能描述、原文解释、参数释义在 6.2.1 节已有说明，此处不再赘述。

（2）高斯模糊代码演示

代码清单 13-5 所示为高斯模糊代码。

代码清单 13-5　高斯模糊代码

```
1.  int main() {
2.      //读取图像
3.  Mat img=imread("D:/sucai/test_paper.jpg");
4.
5.  //指定高斯核的大小(必须为奇数)
6.  Size kernelSize(5,5);
7.
8.  //指定标准差
9.  double sigma=0;
10.
11.  //应用高斯模糊
12.  Mat imgBlur;
13.  GaussianBlur(img,imgBlur,kernelSize,sigma);
14.
15.  //显示原始图像和模糊后的图像
16.  imshow("img",img);
17.  imshow("imgBlurred",imgBlur);
18.
19.  //等待用户按下任意键,然后关闭窗口
20.  waitKey(0);
21.  destroyAllWindows();
22.  }
```

13.2.3　预处理:边缘检测

边缘检测是图像处理中的一项基本任务，它用于识别图像中物体边界或区域之间的明显变化。边缘通常表示图像中像素强度的突然变化或梯度的最大值。边缘检测在计算机视觉、图像处理和模式识别等领域具有广泛的应用，它是许多高级图像处理任务的基础。

常见的边缘检测算法包括 Sobel 算子、Prewitt 算子、Scharr 算子、Canny 边缘检测等。每种算法都有其优点和适用场景，算法是否合适取决于应用需求和图像特性。常用的边缘检测算法是 Canny 算法，在 Canny 边缘检测算法中使用 Sobel 算子进行计算，接着通过非最大值抑制以及滞回比较，达到更好的效果。接下来将对 Sobel 算子与 Canny 边缘

检测算法进行讲解。

（1）Sobel 算子

Sobel 算子是一个被广泛使用的边缘检测算法。它通过寻找那些像素亮度突然变化的边缘来达到边缘检测的效果，如图 13-9、图 13-10 所示。

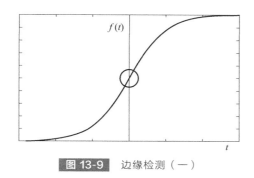

图 13-9　边缘检测（一）

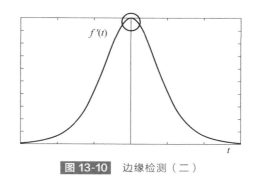

图 13-10　边缘检测（二）

在 Sobel 算子中会使用到两个卷积核，一个用于水平方向的像素突变，另一个用于垂直方向的像素突变。两个卷积核如图 13-11 所示。

利用水平与垂直卷积核对图像进行卷积运算，将会得到边缘图像。但是只有单一方向的计算结果仍有不足，所以会使用到如下的公式进行计算：

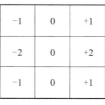

（a）水平卷积核

（b）垂直卷积核

图 13-11　水平与垂直卷积核

$$\begin{cases} G_x = AI, G_y = BI \\ G = \sqrt{G_x^2 + G_y^2} \\ \theta = \arctan \dfrac{G_y}{G_x} \end{cases}$$ (13-1)

式中，G_x 和 G_y 分别代表水平方向和垂直方向的梯度值；A 与 B 分别表示水平方向与垂直方向的卷积核；I 为输入图像的像素值矩阵；G 为最终图像的梯度幅值；θ 为不同梯度方向的角度值。

最终，水平方向、垂直方向、水平垂直方向的边缘检测效果如图 13-12 所示。

（2）Canny 边缘检测算法

Canny 边缘检测算法在应用 Sobel 算子之外，还应用了非极大值抑制，大致原理为：遍历梯度矩阵上的所有点，并保留边缘方向上具有极大值的像素。这一步的目的是将模糊的边界变得更为清晰，便于后续操作。

接着，Canny 边缘检测算法还应用了双阈值的方法来判断可能存在的边界，以及排除"假边界"。双阈值方法即设定一个阈值上限与一个阈值下限。如果图像中经过 Sobel 边缘检测后的像素值大于阈值上限，则被认定为边界，称为强边界；如果小于阈值下限，则被认定为不是边界；若处于两者之间，则会被认定为弱边界，既可能是边界，也可能不是边界。接着，通过判断弱边界是否与强边界相连来判断弱边界能否被认定为边界。具体判断

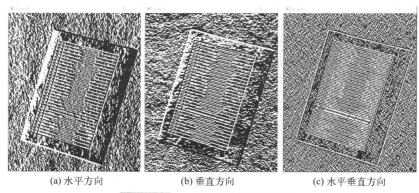

| (a) 水平方向 | (b) 垂直方向 | (c) 水平垂直方向 |

图 13-12　三种方向的边缘检测效果

方法为：查看弱边缘像素及其 8 个邻域像素，只要其中一个为强边缘像素，则该弱边缘点就可以保留为真实的边缘。

Canny 边缘检测算法的检测效果如图 13-13 所示。

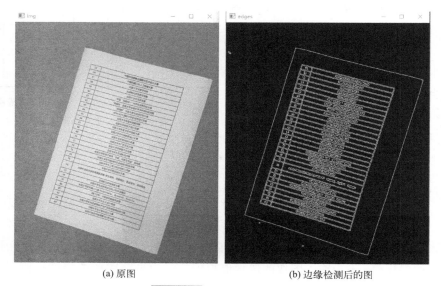

| (a) 原图 | (b) 边缘检测后的图 |

图 13-13　边缘检测效果图

可以看到，相比于 Sobel 算子，Canny 边缘检测算法的效果更好。

（1）边缘检测函数 "Canny"

Canny 函数的功能描述、原文解释、参数释义在 6.4.1 节已有说明，此处不再赘述。

Canny 边缘检测算法是一种高效且使用广泛的边缘检测算法，用于检测图像中的边缘特征。OpenCV 中的 Canny 函数可以很便捷地对图像使用 Canny 边缘检测算法进行边缘检测。

该函数的参数中，参数 threshold2 的设定值应该为 threshold1 的 3～10 倍。

（2）边缘检测代码演示

代码清单 13-6 所示为边缘检测代码。

```
1.   int main() {
2.       //读取图像
3.   Mat img=imread("D:/sucai/test_paper.jpg");
4.   Mat imggray;
5.   cvtColor(img,imggray,COLOR_BGR2GRAY);
6.
7.   //使用 Canny 算法进行边缘检测
8.   Mat imgedges;
9.   Canny(imggray,imgedges,100,200);
10.
11.   //显示原始图像和边缘检测结果
12.   imshow("img",img);
13.   imshow("canny",imgedges);
14.
15.   //等待用户按下任意键,然后关闭窗口
16.   waitKey(0);
17.   destroyAllWindows();
18.   }
```

13.2.4　预处理：膨胀操作

膨胀是图像处理中的一种形态学操作，用于增强图像中的目标物体或区域。它的基本原理是将一个结构元素（通常是一个小的二进制图像或核）与输入图像进行卷积。即计算结构元素（核）覆盖区域的像素点的最大值，并把这个最大值赋值给参考点指定的像素。这样就会使图像中的高亮区域逐渐增大。

简单来说，膨胀操作会扩大图像中的白色区域。这对于去除小的黑色噪声点、连接分离的白色区域、扩展图像中的对象等应用非常有用。膨胀操作通常与腐蚀操作结合使用，以执行图像处理中的开运算和闭运算等操作。

膨胀操作的参数通常包括结构元素的形状和大小，以及膨胀的迭代次数。这些参数可以根据具体的应用场景来调整，以获得最佳的处理效果。

对于膨胀的具体过程，可以通过图 13-14、图 13-15 直观地进行理解。

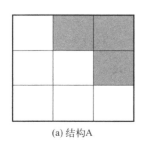

(a) 结构A

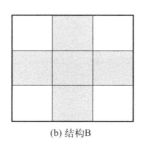

(b) 结构B

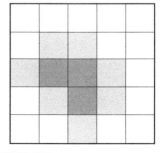

图 13-14　膨胀结构

图 13-15　结构 A 与 B 膨胀结果

膨胀是 OpenCV 中极为常见的形态学操作，可以用于填补图像的内部空缺，或使锯齿状的边缘更加平滑等。膨胀的效果如图 13-16 所示，所使用的原图为 13.2.3 节 Canny 边缘检测后的图像。

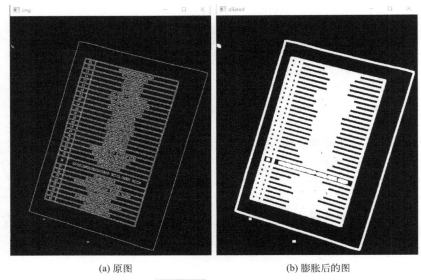

(a) 原图   (b) 膨胀后的图

图 13-16　膨胀效果图

（1）膨胀操作函数"dilate"

dilate 函数的功能描述、原文解释、参数释义在 6.5.5 节已有说明，此处不再赘述。

dilate 是 OpenCV 中一个图像处理函数，用于执行膨胀操作。膨胀是数学形态学中的一种操作，主要用于增强图像中的明亮区域或对象的大小。

膨胀操作的基本原理是滑动一个定义好的核（也称为结构元素），使其通过图像的每个像素，将核的中心与像素位置对齐，然后将核的元素与图像上的对应像素进行最大值操作。这意味着，如果核的中心位置在一个明亮区域的中心，膨胀操作将扩大这个区域。

膨胀操作通过滑动膨胀卷积核在图像上的位置，将核的元素与图像上的对应像素进行最大值操作，从而增强明亮区域的大小和连通性。迭代次数、核的形状和大小、边界填充方式等参数可以根据具体的应用场景来调整，以实现不同的膨胀效果。

（2）膨胀操作代码演示

代码清单 13-7 所示为膨胀操作代码。

代码清单 13-7　膨胀操作代码

```
1.   int main() {
2.       //读取图像
3.       Mat img=imread("D:/sucai/test_paper_canny.jpg");
4.
5.   //定义膨胀核(结构元素)
6.   Mat kernel=getStructuringElement(MORPH_RECT,Size(5,5));
7.
8.   //执行膨胀操作
```

```
9.     Mat imgDilated;
10.    dilate(img,imgDilated,kernel,Point(-1,-1),1);
11.
12.    //显示原始图像和膨胀后的图像
13.    imshow("img",img);
14.    imshow("dilated",imgDilated);
15.
16.    //等待用户按下任意键,然后关闭窗口
17.    waitKey(0);
18.    destroyAllWindows();
19.  }
```

13.2.5 预处理：腐蚀操作

腐蚀操作与膨胀操作的相关知识几乎一模一样，只不过膨胀操作是将图像往外进行扩大，而腐蚀操作是将图像往内缩减。腐蚀操作对于图像上的较小噪声点有很好的消除作用。图 13-17 为对 13.2.4 节中膨胀后的图片进行腐蚀的结果图。

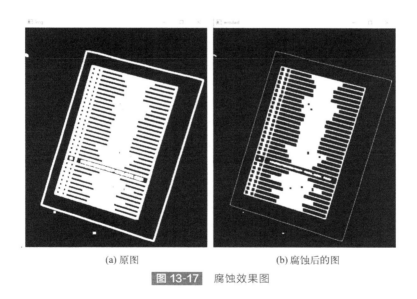

(a) 原图   (b) 腐蚀后的图

图 13-17   腐蚀效果图

在图像处理中，膨胀与腐蚀两种形态学操作常常是同时出现的。这是因为对于图像来说，进行膨胀或腐蚀等操作是对整个图像进行的，对一个图像进行腐蚀之后虽然可以腐蚀掉噪声点，但是同时也会对所需要的物体边缘进行腐蚀；但如果此时对腐蚀过后的图像再使用膨胀，可以将物体被腐蚀的部分补充回来，而原来的噪声点因为被腐蚀了，便不会再受到膨胀的影响。

先腐蚀再膨胀被称为开运算，其作用为：消除小的物体，平滑形状边界，并且不改变其面积；去除小颗粒噪声，断开物体之间的粘连。

先膨胀再腐蚀被称为闭运算，其作用为：填充物体内的小空洞，连接邻近的物体，连接断开的轮廓线，平滑其边界的同时不改变面积。

（1）腐蚀操作函数"erode"

erode 函数的功能描述、原文解释、参数释义在 6.5.6 节已有说明，此处不再赘述。

腐蚀操作是图像处理中一种形态学操作，用于图像的特定区域或图像上对象的缩小和消除。腐蚀的基本思想是通过滑动一个小的核或结构元素（通常是一个小的矩形或圆形区域）来减小图像中对象的边界。核的大小和形状以及操作的次数会影响腐蚀的程度。

腐蚀函数在使用上与膨胀函数没有什么区别，常用的参数有 kernel、iterations 等。

（2）腐蚀操作代码演示

代码清单 13-8 所示为腐蚀操作代码。

代码清单 13-8　腐蚀操作代码

```
1.  int main() {
2.     //读取图像
3.     Mat img＝imread("D:/sucai/test_paper_canny.jpg");
4.
5.     //定义腐蚀核(结构元素)
6.     Mat kernel＝getStructuringElement(MORPH_RECT,Size(5,5));
7.
8.     //执行腐蚀操作
9.     Mat imgErode;
10.    erode(img,imgErode,kernel,Point(－1,－1),1);
11.
12.    //显示原始图像和腐蚀后的图像
13.    imshow("img",img);
14.    imshow("dilated",imgErode);
15.
16.    //等待用户按下任意键,然后关闭窗口
17.    waitKey(0);
18.    destroyAllWindows();
19. }
```

13.2.6　定义矩阵向量

定义矩阵向量的相关知识以及代码演示在第 12 章中提及过，这里不再赘述。本小节的步骤是定义后续检测轮廓所需要用到的矩阵向量，代码演示如代码清单 13-9 所示。

代码清单 13-9　定义矩阵向量

```
1. std::vector<vector<Point>> contours;        //储存轮廓的向量
2. std::vector<Vec4i> hierarchy;               //储存轮廓的层次结构信息
```

13.2.7　轮廓检测

轮廓检测在文档扫描中用于检测纸质文档的轮廓。在前面的小节中，通过对图像进行高斯模糊、边缘检测、膨胀腐蚀等操作，会得到一张较为简洁的文档的边缘图像，如图 13-18 所示。

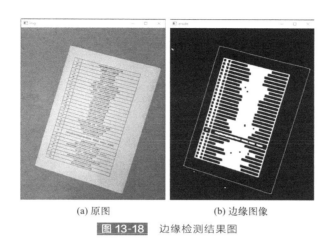

(a) 原图　　　　　　　　　　(b) 边缘图像

图 13-18　边缘检测结果图

在得到图 13-18（b）的形式后，我们就可以进行轮廓检测，找到所需要的文档的轮廓及其边缘了。

13.2.8　过滤干扰项

过滤轮廓中的干扰项的知识和代码演示在第 12 章中提及过，就不再赘述。

通过观察图像可以发现，纸张所在轮廓的最大特点就是所围成的面积较大，所以可以通过筛选轮廓的面积来达到过滤的效果。

过滤干扰项代码演示如代码清单 13-10 所示。

代码清单 13-10　过滤干扰项代码

```
1.   int main() {
2.       //读取图像
3.       Mat img = imread("D:/sucai/test_paper_canny.jpg");
4.       Mat imggray,imgedges,imgdilate,imgerode;
5.
6.       //将图像转换为灰度图
7.       cvtColor(img,imggray,COLOR_BGR2GRAY);
8.
9.       //使用 Canny 算法进行边缘检测
10.      Canny(imggray,imgedges,100,200);
11.
12.      //定义膨胀核(结构元素)
```

```
13.   Mat kernel=getStructuringElement(MORPH_RECT,Size(5,5));
14.
15.   //执行膨胀操作
16.   dilate(imgedges,imgdilate,kernel,Point(-1,-1),1);
17.
18.   //执行腐蚀操作
19.   erode(imgdilate,imgerode,kernel,Point(-1 ,-1),1);
20.
21.   //查找轮廓
22.   std::vector<std::vector<Point>> contours;
23.   findContours(imgerode,contours,RETR_EXTERNAL,CHAIN_APPROX_SIMPLE);
24.
25.   //初始化最大面积和对应轮廓
26.   double max_area=0;
27.   int max_area_contour_index=-1;
28.
29.   //寻找最大面积轮廓
30.   for (int i=0; i<contours.size();++i) {
31.     double area=contourArea(contours[i]);
32.     if (area>max_area) {
33.       max_area=area;
34.       max_area_contour_index=i;
35.     }
36.   }
```

13.2.9 得到轮廓

通过找寻最大面积来筛选轮廓后，最终得到的轮廓如图 13-19 所示。

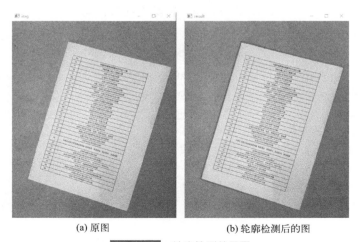

(a) 原图   (b) 轮廓检测后的图

图 13-19   轮廓检测效果图

得到轮廓的代码演示如代码清单 13-11 所示。

代码清单 13-11　获取轮廓代码

```
1.   //复制一份原图
2.   Mat imgcopy=img.clone();
3.
4.   //在图像上绘制最大面积的轮廓
5.   if(max_area_contour_index>=0){
6.    drawContours(imgcopy,contours,max_area_contour_index,Scalar(0,0,255),4);
7.   }
8.
9.   //显示原始图像和轮廓筛选结果
10.  imshow("img",img);
11.  imshow("result",imgcopy);
12.
13.  //等待用户按下任意键,然后关闭窗口
14.  waitKey(0);
15.  destroyAllWindows();
```

13.2.10　轮廓坐标点排序

轮廓坐标点排序是指对图像中的轮廓边界点按照一定的规则重新排列它们的顺序。通常，这种排序可以按照点的 X 坐标或 Y 坐标进行升序或降序排列，以便进一步分析或处理轮廓的特征。这有助于提取轮廓的几何信息或进行形状分析。最终按照 X 坐标排序结果在原图上绘制，效果如图 13-20 所示。

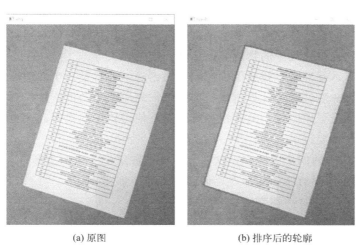

(a) 原图　　　　　　　　　　(b) 排序后的轮廓

图 13-20　坐标点重新排序后获取轮廓

对比图 13-19、图 13-20 可以看到，排序并不会影响轮廓的样子。

轮廓坐标点排序代码如代码清单 13-12 所示。

代码清单 13-12 轮廓坐标点排序代码

```
1.  //检查是否找到最大面积的轮廓
2.  if (max_area_contour_index != =-1) {
3.    //对轮廓坐标点按 X 坐标进行排序
4.    std::sort(contours[max_area_contour_index].begin(),
5.    contours[max_area_contour_index].end(),
6.    [](const Point& p1,const Point& p2) {return p1. x<p2. x; });
7.
8.    //复制一份原图
9.    Mat imgcopy= img. clone();
10.
11.   //在图像上绘制最大面积的轮廓
12.   drawContours(imgcopy,contours,max_area_contour_index,Scalar(0,0,255),4);
13.
14.   //显示原始图像和轮廓筛选结果
15.   imshow("img",img);
16.   imshow("result",imgcopy);
17.
18.   //等待用户按下任意键,然后关闭窗口
19.   waitKey(0);
20.   destroyAllWindows();
21. }
```

13.2.11 获得图像透视变换矩阵

图像透视变换是一种将图像从一个视角转换到另一个视角的技术。它通常用于校正图像中的透视畸变,使得物体在图像中呈现出正常的平行和垂直关系。透视变换的常见应用包括文档扫描、计算机视觉中的物体姿态估计和增强现实等。

透视变换的基本原理是寻找原图中的四个关键点(通常是一个四边形)和它们在目标视角中的对应位置,然后通过计算透视变换矩阵来将原图中的像素映射到目标图像中。这个透视变换矩阵捕捉了原图像中的透视投影信息,使得输出图像看起来更平坦和正常。

透视变换通常需要以下步骤:

① 寻找原图像中的四个关键点,这些点应该能够定义一个四边形。

② 定义目标图像中对应的四个点,通常是一个矩形。

③ 使用这些点来计算透视变换矩阵。

④ 应用透视变换矩阵将原图像中的像素映射到目标图像中。

⑤ 可选地裁剪或填充目标图像以适应变换后的内容。

图像透视变换是一种强大的工具,可以用于各种计算机视觉和图像处理任务,特别是当图像中的物体不处于平行或垂直状态时。它可以帮助校正图像中的透视畸变,提高图像质量,并使物体在图像中更容易分析和识别。

在 13.2.10 节中我们对轮廓进行了排序，可以分别对 X 和 Y 进行排序，这样就可以很轻易地找到图像中的四个角点，分别为 X 最大值、最小值，与 Y 最大值、最小值所在的四个坐标点，即为图像透视变换所需要的四个角点。

透视变换是将图片投影到一个新的视平面，也称作投影映射。现实中为直线的物体，在图片上可能呈现为斜线，透视变换的目的就是通过透视变换将其转换成直线，如图 13-21 所示。

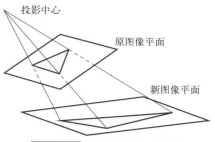

图 13-21 图像透视变换原理

从原图像平面变换到新图像平面，通用的变换公式（透视变换矩阵公式）如下：

$$\begin{bmatrix} X \\ Y \\ Z \end{bmatrix} = \begin{bmatrix} a_{11} & a_{12} & a_{13} \\ a_{21} & a_{22} & a_{23} \\ a_{31} & a_{32} & a_{33} \end{bmatrix} \begin{bmatrix} x \\ y \\ 1 \end{bmatrix}$$

式中，$(X，Y，Z)$ 是原图像平面坐标点，变换后的新图像平面坐标点为 $(X'，Y'，Z')$。因为我们处理的是二维图像，所以可以令 $Z'=1$，即将变换后的图像坐标除以 Z'，将图片由三维降为两维，然后可以得到以下方程（三维坐标点变换方程）。

$$\begin{cases} X' = \dfrac{X}{Z} \\ Y' = \dfrac{Y}{Z} \\ Z' = \dfrac{Z}{Z} \end{cases} \qquad \begin{cases} X' = \dfrac{a_{11}x + a_{12}y + a_{13}}{a_{31}x + a_{32}y + a_{33}} \\ Y' = \dfrac{a_{21}x + a_{22}y + a_{23}}{a_{31}x + a_{32}y + a_{33}} \\ Z' = 1 \end{cases}$$

OpenCV 提供了很方便的集成函数来获得透视变换的矩阵参数。

（1）获取透视变换矩阵函数"getPerspectiveTransform"

getPerspectiveTransform 函数的功能描述、原文解释、参数释义在 8.5.1 节已有说明，此处不再赘述。

该函数用于获取执行透视变换所需的变换矩阵。透视变换通常用于将图像中的平面区域映射到新的视角或投影平面上，可应用于图像校正、文档扫描等场景。

函数的返回值是一个 3×3 的变换矩阵，可用于执行透视变换，将原始图像中的区域映射到目标图像中。

（2）获得透视变换矩阵代码演示

代码清单 13-13 所示为获得透视变换矩阵的代码。

代码清单 13-13 获得透视变换矩阵的代码

```
1.  //获得四个角点
2.  std::vector<Point2f> src_points={
3.   contours[max_area_contour_index][0],
4.   contours[max_area_contour_index].back(),
5.   contours[max_area_contour_index].front(),
6.   contours[max_area_contour_index][contours[max_area_contour_index].size()-2]
```

```
7.    };
8.
9.    //透视变换目标四个角点
10.   std::vector<Point2f> dst_points={
11.    Point2f(0,0),
12.    Point2f(450,0),
13.    Point2f(450,600),
14.    Point2f(0,600),
15.   };
16.
17.   //计算透视变换矩阵
18.   Mat perspective_matrix=getPerspectiveTransform(src_points,dst_points);
```

13.2.12　图像透视变换

透视变换的原理在 13.2.11 节中已经提及，并且我们已经获得了透视变换所需要的矩阵。下一步就是通过透视变换矩阵在图像中应用透视变换，将文档摆正。

（1）透视变换函数 "warpPerspective"

warpPerspective 是 OpenCV 中的一个函数，用于执行图像透视变换。它的功能是将原始图像中的像素按照给定的透视变换矩阵映射到新的图像中，从而改变图像的视角或校正透视畸变。

warpPerspective 函数的功能描述、原文解释、参数释义在 8.5.2 节已有说明，此处不再赘述。

（2）透视变换代码演示

代码清单 13-14 所示为透视变换代码。

代码清单 13-14　透视变换代码

```
1.    //获得四个角点
2.    std::vector<Point2f> src_points={
3.     contours[max_area_contour_index][0],
4.     contours[max_area_contour_index].back(),
5.     contours[max_area_contour_index].front(),
6.     contours[max_area_contour_index][contours[max_area_contour_index].size()-2]
7.    };
8.
9.    //透视变换目标四个角点
10.   std::vector<Point2f> dst_points={
11.    Point2f(0,0),
12.    Point2f(450,0),
```

```
13.  Point2f(450,600),
14.  Point2f(0,600),
15. };
16.
17. //计算透视变换矩阵
18. Mat perspective_matrix=getPerspectiveTransform(src_points,dst_points);
19.
20. //应用透视变换
21. Mat result_img;
22. warpPerspective(img,result_img,perspective_matrix,Size(450,600));
```

13.2.13   显示结果图像

透视变换的最终结果如图 13-22 所示。

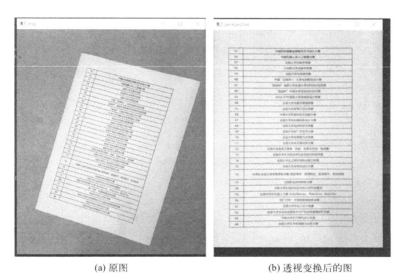

(a) 原图   (b) 透视变换后的图

图 13-22   图像透视变换结果

13.2.14   代码演示

代码清单 13-15 所示为完整案例代码。

代码清单 13-15   完整案例代码

```
1.  int main() {
2.  Mat img=imread("D:/sucai/test_paper.jpg");
3.  Mat imggray,imgedges,imgdilate,imgerode;
4.
5.  //将图像转换为灰度图
```

```
6.    cvtColor(img,imggray,COLOR_BGR2GRAY);
7.
8.    //使用 Canny 算法进行边缘检测
9.    Canny(imggray,imgedges,100,200);
10.
11.   //定义膨胀核(结构元素)
12.   Mat kernel=getStructuringElement(MORPH_RECT,Size(5,5));
13.
14.   //执行膨胀操作
15.   dilate(imgedges,imgdilate,kernel,Point(-1,-1),1);
16.
17.   //执行腐蚀操作
18.   erode(imgdilate,imgerode,kernel,Point(-1 ,-1),1);
19.
20.   //查找轮廓
21.   std::vector<std::vector<Point>> contours;
22.   findContours(imgerode,contours,RETR_EXTERNAL,CHAIN_APPROX_SIMPLE);
23.
24.   //初始化最大面积和对应轮廓
25.   double max_area=0;
26.   int max_area_contour_index=-1;
27.
28.   //寻找最大面积轮廓
29.   for (int i=0; i<contours.size();++i) {
30.     double area=contourArea(contours[i]);
31.     if (area>max_area) {
32.       max_area=area;
33.       max_area_contour_index=i;
34.     }
35.   }
36.
37.   //对轮廓坐标点按 X 坐标进行排序
38.   std::sort(contours[max_area_contour_index].begin(),
39.   contours[max_area_contour_index].end(),
40.   [](const Point& p1,const Point& p2) {return p1.x<p2.x; });
41.
42.   //复制一份原图
43.   Mat imgcopy=img.clone();
44.
45.   //在图像上绘制最大面积的轮廓
46.   drawContours(imgcopy,contours,max_area_contour_index,Scalar(0,0,255),4);
47.
```

```
48.   //获得四个角点
49.   std::vector<Point2f> src_points={
50.    contours[max_area_contour_index][0],
51.    contours[max_area_contour_index].back(),
52.    contours[max_area_contour_index].front(),
53.    contours[max_area_contour_index][contours[max_area_contour_index].size()-2]
54.   };
55.
56.   //透视变换目标四个角点
57.   std::vector<Point2f> dst_points={
58.    Point2f(0,0),
59.    Point2f(450,0),
60.    Point2f(450,600),
61.    Point2f(0,600),
62.   };
63.
64.   //计算透视变换矩阵
65.   Mat perspective_matrix=getPerspectiveTransform(src_points,dst_points);
66.
67.   //应用透视变换
68.   Mat result_img;
69.   warpPerspective(img,result_img,perspective_matrix,Size(450,600));
70.
71.   //显示原始图像、边缘检测结果和透视变换结果
72.   imshow("img",img);
73.   imshow("result",imgcopy);
74.   imshow("perspective",result_img);
75.
76.   //等待用户按下任意键,然后关闭窗口
77.   waitKey(0);
78.   destroyAllWindows();
79. }
```

 小结

本章具体解析了文档扫描的实际案例,通过 OpenCV 来进行文档扫描的具体操作,其中涉及图像的预处理、形状轮廓检测、图像透视变换等一系列综合操作,需要熟练掌握。

OpenCV 技术篇

第 14 章

OpenCV 与机器学习

机器学习（machine learning，ML）作为一门多领域的交叉学科，涉及概率论、统计学、微积分、代数学、算法复杂度理论等多门学科。它通过让计算机自动"学习"的算法来实现人工智能，是人类在人工智能领域开展的积极探索[23]。

OpenCV 中有两个关于机器学习的模块，分别是机器学习（ML）模块和深度神经网络（deep neural networks，DNN）模块。前者主要集成了传统机器学习的相关函数，后者集成了深度神经网络相关的函数。图 14-1 描述了机器学习、传统机器学习、深度学习三者之间的关系。

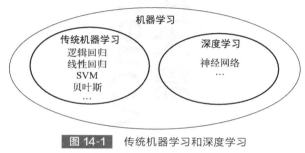

图 14-1 传统机器学习和深度学习

14.1 传统机器学习

在有着广泛应用的传统机器学习中，一项重要而且普遍的工作是学习或者推断属性变量与相应的响应变量或目标变量之间的函数关系。它可使得对任何一个属性集合，我们可以预测其响应[15]。传统的机器学习主要关注如何学习一个预测模型，一般需要先将数据表示为一组特征（feature），特征的表示形式可以是连续的数值、离散的符号或其他形式，然后将这些特征输入到预测模型，并输出预测结果。这类机器学习可以看作浅层学习（shallow learning）。浅层学习的一个重要特点是不涉及特征学习，其特征主要靠人工经验或特征转换方法来抽取。传统的机器学习图像识别模型，如 K 近邻（KNN）、支持向量机（SVM）、贝叶斯网络等，具备各种优势。ML 模块集成了大量传统机器学习的算法，用户可以对其中的算法进行标准化的使用和访问[24]。

14.1.1 逻辑回归

逻辑回归（logistic regression）是一种用于解决二分类（0 或 1）问题的机器学习方

法，用于估计某种事物的可能性，如某用户购买某商品的可能性、某病人患有某种疾病的可能性以及某广告被用户点击的可能性等。注意，这里用的是"可能性"，而非数学上的"概率"，回归的结果并非数学定义中的概率值，不可以直接当作概率值来用。该结果往往用于和其他特征值加权求和，而非直接相乘。

逻辑回归与线性回归（linear regression）都是一种广义线性模型（generalized linear model）。逻辑回归假设因变量 y 服从伯努利分布，而线性回归假设因变量 y 服从高斯分布。因此，二者有很多相同之处，去除 Sigmoid 映射函数的话，逻辑回归就是一个线性回归。可以说，逻辑回归是以线性回归为理论支持的，但是逻辑回归通过 Sigmoid 函数引入了非线性因素，因此可以轻松处理 0/1 分类问题。

14.1.2　K 近邻

K 近邻（KNN）算法是一种基本分类和回归方法，通过计算待测样本数据与训练数据中不同类别数据点间的相似度，进而进行待测样本分类。KNN 算法常用的距离测量公式为欧式距离测量公式：

$$d(X,Y) = \sum_{i=1}^{n} \parallel x_i - y_i \parallel^2 \tag{14-1}$$

式中，x_i 代表随机两点 x 坐标的平方差；y_i 代表随机两点 y 坐标的平方差；$d(X,Y)$ 代表 distance(X,Y)，即随机点 X 与随机点 Y 的距离。

步骤 1：计算测试集特征向量与训练集特征向量之间的距离。

步骤 2：按照距离的远近进行排序。

步骤 3：选取距离最近的 K 个点。

步骤 4：计算前 K 个点所在类别的出现频率。

步骤 5：统计前 K 个点中出现频率最高的类别，作为测试集的分类类别。

14.1.3　支持向量机（SVM）

支持向量机（support vector machine，SVM）是一种用来解决二分类问题的机器学习算法。它通过在样本空间中找到一个划分超平面，将不同类别的样本分开，同时使得两个点集到此平面的最小距离最大，两个点集中的边缘点到此平面的距离最大。如图 14-2 所示，图中有方形和圆形两类样本，支持向量机的目标就是找到一条直线，将圆形和方形分开，同时所有圆形和方形到这条直线的距离加起来的值最大[25]。

图 14-2 中，直线 H 和直线 H_3 都可以将两类样本分开，但所有点到 H 的距离之和更大，所以 H 更适合我们的分类任务。距离 H

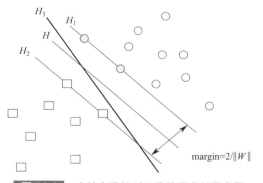

图 14-2　支持向量机对二维数据分割示意图

margin—间隔，即图中 H_1 到 H_3 的距离，即支持向量机分类出的两类数据的最大距离间隔；W—法向量

最近的几个样本点叫作支持向量。之所以选择距离最大的超平面，是因为距离最大的超平面具有最好的泛化性能。

14.1.4　贝叶斯网络

贝叶斯网络（Bayesian network）又称信念网络（belief network）或有向无环图模型（directed acyclic graphical model），是一种概率图模型，于 1985 年由 Judea Pearl 首先提出。它是一种模拟人类推理过程中因果关系的不确定性处理模型，其网络拓扑结构是一个有向无环图（DAG）。我们将有因果关系（或非条件独立）的变量或命题用箭头来连接（换言之，连接两个节点的箭头代表这两个随机变量具有因果关系，或非条件独立）。若两个节点间以一个单箭头连接在一起，表示其中一个节点是"因（parents）"，另一个节点是"果（children）"，两节点就会产生一个条件概率值。例如，假设节点 E 直接影响到节点 H，即 E→H，则用从 E 指向 H 的箭头建立节点 E 到节点 H 的有向弧（E，H），权值（即连接强度）用条件概率 $P(H|E)$ 来表示，如图 14-3 所示。

图 14-3　因果关系示意图

把某个研究系统中涉及的随机变量根据是否条件独立绘制在一个有向图中，就形成了贝叶斯网络。

14.2　OpenCV 与深度学习

传统的图像识别技术以浅层次结构模型为主，需要人为对图像进行预处理，降低了图像识别的准确率。为了提高图像识别精度，深度学习模型结构被提出，如 DBN、GAN、CNN、RNN 等。

深度学习是指将原始的数据特征通过多步的特征转换得到一种特征表示，并进一步输入到预测函数，得到最终结果。和"浅层学习"不同，深度学习需要解决的关键问题是贡献度分配问题（credit assignment problem，CAP），即一个系统中不同的组件（component）或其参数对系统最终输出结果的贡献或影响。以下围棋为例，每当下完一盘棋，最后的结果要么赢要么输（不考虑和棋的情况）。我们会思考哪几步棋导致了最后的胜利，或者又是哪几步棋导致了最后的败局。如何判断每一步棋的贡献就是贡献度分配问题，这是一个非常困难的问题。从某种意义上讲，深度学习可以看作一种强化学习（reinforcement learning，RL），每个内部组件并不能直接得到监督信息，需要通过整个模型的最终监督信息（奖励）得到，并且有一定的延时性[26]。

随着深度神经网络的发展，OpenCV 中已经有独立的模块专门用于实现各种深度学习的相关算法。OpenCV 中的 DNN 模块只提供了推理功能，不涉及模型的训练，支持多种深度学习框架，如 TensorFlow、Caffe、Torch 和 Darknet。DNN 模块具有以下优点：

轻量型：DNN 模块只实现推理功能，代码量及编译运行开销远小于其他深度学习模型框架。

使用方便：DNN 模块提供了内建的 CPU 和 GPU 加速，无须依赖第三方库。若项目中之前使用了 OpenCV，那么通过 DNN 模块可以很方便地为原项目添加深度学习的能力。

通用性：DNN 模块支持多种网络模型格式，用户无须额外进行网络模型的转换就可以直接使用。支持的网络结构涵盖了常用的目标分类、目标检测和图像分割的类别。

14.2.1　用 GoogLeNet 模型实现图像分类

如果随机提供两张狗的照片，你可以区分它们的品种吗？若要提高网络模型的分类精度，最简单的两条途径是增加数据样本和扩大网络模型。GoogLeNet 的创新性工作便是提出了 Inception 模块，它允许增加网络的深度和宽度，同时保证调用的计算资源不变。

提高深度神经网络性能最直接的方法是增大它的规模，这包括网络的深度和宽度两个维度。模型规模越大，训练的参数越多，网络越容易过拟合。高质量的数据集标注需要耗费大量的人力劳动，高效率的数据计算需要高性能的计算机，计算资源的有效分配比不加选择地增大规模更可取。

14.2.2　用 SSD 模型实现对象检测

OpenCV 中 DNN 模块支持常见的对象检测模型 SSD 以及它的移动版 Mobile Net-SSD，后者在端侧边缘设备上可以实时计算。基于 Caffe 训练好的 mobileQ-net SSD 支持 20 类别对象检测。

使用模型实现预测的时候，需要读取图像作为输入。网络模型支持的输入数据是四维的，所以要把读取到的 Mat 对象转换为四维张量。OpenCV 的提供的应用程序接口（API）如下[27]：

```
Mat cv::dnn::blobFromlmage(
InputArray image,
double scalefactor＝1.0.
const Size & size＝Size(),
const Scalar & mean＝Scalar(),
bool swapRB＝false
bool crop＝false.
int ddepth＝CV 32F
```

参数说明如下：
image：输入图像；
scalefactor：默认为 1.0；
size：网络接收的数据大小；
mean：训练时数据集的均值；
swapRB：用于决定是否互换 Red 与 Blue 通道；
crop：剪切；
ddepth：数据类型。

加载网络之后，推断调用的关键 API 如下：

```
Mat cv::dnn::Net::forward(
const String & outputName＝String()
```

参数缺省值为空。

对于对象检测网络来说，该 API 会返回一个四维的张量（tensor），前两个维度是 1，后面的两个维度分别表示检测到 BOX 检测框数量，以及每个 BOX 的坐标、对象类别、得分等信息。这里需要特别注意的是，这个坐标是浮点数的比率，不是像素值，所以必须转换为像素坐标才可以绘制 BOX 矩形。

14.2.3　用 FCN 模型实现图像分割

在现有的网络下，对网络进行改进，将最后的全连接层修改为全卷积兼容任意尺寸的图片，并且采用端到端、像素到像素训练方式，其结果优于现有的语义分割技术。

它的核心思想是搭建一个全卷积网络，兼容任意尺寸的图片，经过有效推理和学习得到相同尺寸的输出。它的主要方法是将现有的分类网络修改为全卷积网络（AlexNet、VGGNe 和 GoogleNet）并进行微调，设计了跳跃连接，将全局信息和局部信息连接起来，相互补偿。

实验成果：在 PASCAL VOC、NYUDv2 和 SITF-FlOW 数据集上，与现有的最好的语义分割技术相比得到了更好的结果。

14.2.4　用 CNN 模型预测年龄和性别

卷积神经网络（CNN）是一种深度学习模型，它在计算机视觉中表现出色。CNN 的核心思想是通过多层卷积和池化操作，从图像中学习特征。这些特征可以用于各种任务，包括图像分类、对象检测和人脸识别。对于年龄和性别识别，CNN 可以通过学习人脸的视觉特征来实现高精度[28]。

把性别预测作为一个分类问题。性别预测网络的输出层为 softmax 类型，有 2 个节点表示"男性"和"女性"这两个类别。

理想情况下，年龄预测应该作为一个回归问题来处理，因为我们期望的输出是一个实数。然而，使用回归准确地估计年龄是具有挑战性的。即使是人类也不能通过观察一个人来准确地预测年龄。然而，一般情况下，我们可以分辨他们是 20 多岁还是 30 多岁。由于这个原因，将这个问题定义为一个分类问题，即试图估计这个人所在的年龄组。例如，年龄在 0～2 岁之间是一个类，4～6 岁是另一个类，依此类推[29]。

代码分为 4 个部分：人脸检测；性别检测；年龄检测；显示输出。

14.2.5　用 GOTURN 模型实现对象跟踪

GOTURN 是 generic object tracking using regression networks 的缩写，是一种基于

深度学习的跟踪算法，将之前帧与当前帧送入已训练好的神经网络中，最终获得当前帧的跟踪输出。大多数跟踪算法都是在线训练的。换句话说，跟踪算法在运行时学习它所跟踪的对象的外观。因此，许多实时跟踪器依赖于通常比基于深度学习的解决方案快得多的在线学习算法。GOTURN 通过离线学习对象的运动改变了将深度学习应用于跟踪问题的方式。GOTURN 模型在数千个视频序列上进行训练，不需要在运行时执行任何学习。

GOTURN 的工作流程如图 14-4 所示。将预测的图像数据与当前待检测的图像数据输入神经网络，配合确定的权重进行检测，将会得到对当前待检测图像的检测结果数据。

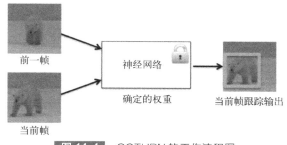

图 14-4 GOTURN 的工作流程图

步骤 1：GOTURN 将两个裁剪的帧作为输入，并在第二帧中输出对象周围的边界框。

步骤 2：GOTURN 是使用从数千个视频中剪切出的一对帧来训练的。

步骤 3：在第一帧（也称为前一帧）中，对象的位置是已知的，并且该帧被裁剪成对象周围边界框的两倍大小。第一个裁剪帧中的对象始终居中。

步骤 4：需要预测对象在第二帧（也称为当前帧）中的位置。用于裁剪第一帧的边界框也用于裁剪第二帧。因为物体可能已经移动了，所以物体不在第二帧的中心。

步骤 5：训练卷积神经网络（CNN）以预测第二帧中边界框的位置。

 小结

本章主要介绍了传统机器学习与深度学习在 OpenCV 中的应用，包括传统机器学习中的逻辑回归、K 近邻、支持向量机、贝叶斯网络等算法，以及如何应用 GoogLeNet 模型实现图像分类、用 SSD 模型实现对象检测、用 FCN 模型进行图像分割，用 CNN 模型预测年龄和性别、用 GOTURN 模型实现对象跟踪等。本章理论与应用相结合，读者可体会相关的算法模块的思想，推广到本章没有提及的算法和深度学习模型，达到举一反三的效果。

第 15 章

基于深度学习的路面病害检测案例

15.1　深度学习在路面病害检测中的应用背景

深度学习在路面病害检测领域至关重要。道路交通系统是现代社会的重要组成部分，不仅是人们日常生活的基础，还对经济发展和社会互联互通起到关键作用。然而，由于交通量的增加和气候变化等因素的影响，道路病害问题日益严重，这不仅影响了道路的使用寿命和性能，还对驾驶安全和交通效率构成了威胁，导致了社会和经济双重损失。

中国在公路建设方面取得了显著进展，公路网的密度持续增加。然而，路面病害问题仍然是一个严重的挑战。例如，沥青路面出现坑槽、裂缝等病害，不仅影响路面的稳定性和耐用性，还降低了驾驶舒适性。因此，及时、准确地检测病害并修复路面对于保证交通运输质量、节约道路养护成本至关重要，已经成为我国公路养护管理的重要目标。

无人机技术的出现为解决这一问题提供了新的机遇。道路巡检无人机具有功耗小、自动化程度高等优点，可以采集清晰的路面图像，有望在公路养护中发挥重要作用。然而，由于无人机航拍图像的特殊性，其中包含大量干扰因素，传统的路面病害检测算法不适用于这种场景。

因此，本章旨在基于深度学习技术，研究面向道路巡检无人机的路面病害检测算法。相较于传统方法，基于深度学习的方法具有多重优势，包括灵活性强、节能环保、客观性高以及降低养护人员劳动强度等。深度学习方法已经在图像识别和检测领域取得了巨大成功，有望为路面病害检测带来更高效、准确的解决方案，进一步提高道路的安全性和可持续性。

15.2　数据集构建

在路面病害检测算法的开发中，高质量的数据是不可或缺的资源，因为它是道路巡检无人机进行路面病害检测的主要依据。为了建立多样化场景和包含真实噪声的航拍路面图像集，以提高后续图像处理算法的性能和语义分割模型的训练效果，本案例采用 SG906 PRO 型无人机搭载索尼 IMX79 相机进行图像采集，飞行高度为 5~6m，图像采集包括光照、阴影、水渍和车辆等环境因素。

采集流程如图 15-1 所示。首先，启动无人机电机，悬停在病害路段上方，通过控制云台使相机镜头与路面平行，并调整高度至 5～6m。然后，以匀速飞行并拍摄路面视频；选择不同路段，重复此步骤，直到获取足够的路面视频。最后，将拍摄的路面病害相关视频传输至计算机进行处理，建立可靠的航拍路面图像集。

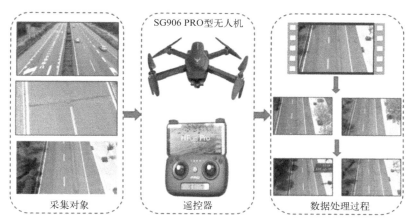

图 15-1 路面病害图像集采集和建立流程图

为了提高算法泛化能力和鲁棒性，在五个代表性路段于不同时间段采集了路面图像，包括各种环境因素，如光照、水渍和车辆。示例图像见图 15-2。

图 15-2 无人机采集的路面病害图像示例

数据集包含图像集，还包含权重等其他数据形式。路面病害数据集的建立包括使用数据标准、使用公开数据集、进行数据集的处理和增强。首先，使用 LabelMe 工具对采集的航拍路面图像进行像素级标注，标注了裂缝和坑槽等病害，如图 15-3 所示（图中，左侧箭头辅助人眼从水平方向上直观地对比不同图像在不同方法下的处理效果）。接着，合并两个公开数据集（UPAD 和 UBD），这有助于提高模型的泛化能力。

为了适应模型训练的要求，对高分辨率图像进行了切割，将它们分成 512×512（像素）的图像块。为了更好地训练模型，采用一种重叠滑动窗口的方法，以确保图像中的病害不会总是出现在图像的边缘。这个过程还包括将不包含病害的背景图像加入数据集，以

| (a) 原图像 | (b) LabelMe标签图像 | (c) 二值标签图像 |

图 15-3　使用 LabelMe 进行路面病害像素级标注示例（见书后彩插）

便训练和测试。

最后，对数据集进行了增强，包括镜像翻转、添加噪声、旋转和调整亮度等，以增加数据的多样性和数量。图 15-4 显示了坑槽类图像增强处理后的效果。增强后的数据集包含了 7425 张图像，其中 4673 张用于训练，1561 张用于验证，1191 张用于测试。这个复杂多样的数据集可以用来训练和测试基于语义分割的路面病害检测模型，以提高模型的性能和泛化能力。

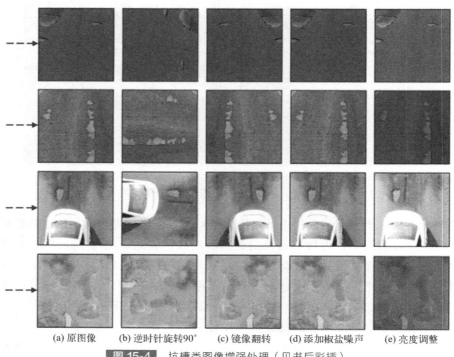

| (a) 原图像 | (b) 逆时针旋转90° | (c) 镜像翻转 | (d) 添加椒盐噪声 | (e) 亮度调整 |

图 15-4　坑槽类图像增强处理（见书后彩插）

15.3 基于 DeepLabV3+的路面病害检测方法

鉴于 DeepLabV3+模型在病害检测中具有良好的准确性，但检测速度较慢，在此基础上，进一步探究以达到在保证精度的前提下提高检测速度的目的。其研究思路见图 15-5，包括以下步骤：

① 数据集制作。利用无人机收集路面病害图像并利用 LabelMe 完成标注；之后对图像做裁剪处理，并结合公开数据集，应用数据增强方法建立一个真实可靠的航拍路面图像病害数据集；最后将数据集划分为训练集、验证集及测试集。

② 模型改进与训练。拟从模型轻量化、精度保障和参数设置三方面改进 DeepLabV3+模型，用训练集和验证集对改进后的模型进行训练，获得路面病害检测模型。

③ 模型验证。利用测试集样本检验改进后的模型，并对检测结果进行评价。

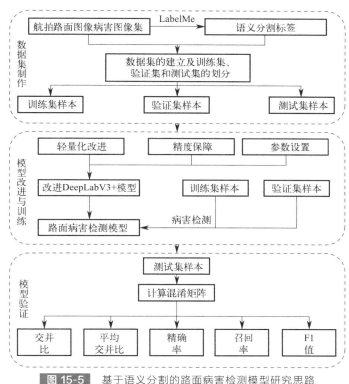

图 15-5 基于语义分割的路面病害检测模型研究思路

15.3.1 模型改进

DeepLabV3+是用于语义分割的典型模型之一，分为编码和解码 2 个部分，其模型结构见图 15-6。

在编码部分，主干特征提取网络采用 Xception[30] 网络。在解码部分，首先采用 1×

1 卷积块调整从 Xception 网络获得的 1/4 大小特征图的通道数；然后将其与完成四倍上采样后的 1/16 大小特征图进行拼接；最后通过 3×3 卷积块及四倍上采样后输出与原图分辨率相同的预测图像。

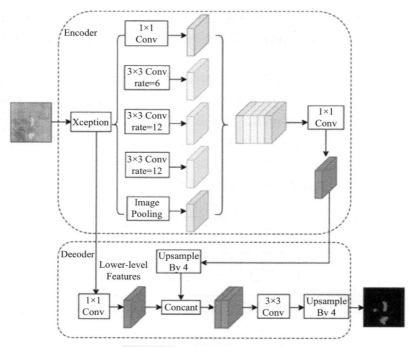

图 15-6　改进前的 DeepLabV3+ 模型

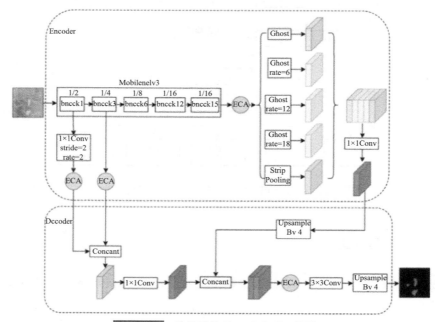

图 15-7　改进后的 DeepLabV3+ 模型

DeepLabV3＋模型的主干特征提取网络采用了参数量大、网络层数多的 Xception，虽可提高分割精度，但导致模型的复杂度增加，对内存空间的要求更高。因此，采取以下方法对其进行改进，改进后的 DeepLabV3＋模型结构见图 15-7。

① 将 Xception 网络改为轻量级卷积神经网络 MobileNetV3[31]，使模型参数量大幅度减少，占用内存明显降低，模型推理速度显著提高。

② 使用 Ghost[32] 卷积替换空洞空间卷积池化金字塔模块（atrous spatial pyramid pooling，ASPP）中的普通卷积，进一步实现轻量化模型。

为保证轻量级 DeepLabV3＋模型的分割精度，对其结构进行以下优化：

① 在 ASPP 模块中引入条形池化模块[33]（strip pooling moudle，SPM），以此对裂缝结构的上下文信息进行高效获取，并避免不相关区域内的噪声干扰，从而有效提升裂缝的分割精度。

② 采用 ECA[34]（efficient channel attention）注意力模块，并借助 ECA 设计浅层特征融合结构（shallow feature fusion，SFF）。注意力机制可让卷积神经网络模型在处理图像时自适应地注意重要、有效的目标信息，提升模型性能。ECA 是一种新的捕捉局部跨通道交互信息的注意力模块，高效且轻量。

③ 构造混合损失函数。训练数据集中的类别不平衡导致深度学习模型在训练过程中过分关注像素数量多的样本，阻碍了模型精度的提升。在训练过程中可能会将部分裂缝及坑槽样本误判为背景，进而导致模型的精度降低。因此，构造混合损失函数克服该问题。L_{CE} 是常用的损失函数，但该损失函数对类别不平衡问题较为敏感，会导致像素占比较多的类别出现过拟合。其表达式如下：

$$L_{CE} = -\sum_{i=1}^{k} y_i \lg(p_i) \tag{15-1}$$

式中，k 表示类别数；y_i 和 p_i 分别表示第 i 个像素点的标签值和预测概率值。L_{CE} 能有效衡量标签和预测结果之间的相似性。

L_{Dice} 损失函数用于训练类别不平衡的分割模型，在类别不平衡的情况下可以达到更好的效果。但其对噪声敏感，可能将边界信息忽略，致使边界分割不佳。其表达式如下：

$$L_{Dice} = 1 - \frac{\sum_{i=1}^{N} p_i y_i + \varepsilon}{\sum_{i=1}^{N} (p_i + y_i) + \varepsilon} - \frac{\sum_{i=1}^{N} (1-p_i)(1-y_i) + \varepsilon}{\sum_{i=1}^{N} (1-p_i-y_i) + \varepsilon} \tag{15-2}$$

式中，y_i 和 p_i 分别表示第 i 个像素点的标签值和预测概率值；ε 是为避免分母为 0 而设置的，还能加快收敛，减少过拟合。ε 值设置为 1。

本书使用的混合损失函数见式（15-3）。混合损失函数可以解决病害图像中样本不均的问题，并获得更精确的像素级检测效果，也能同时关注像素级别的分类准确率以及图像病害的分割效果，进而使模型更稳定地训练。

$$L_{Total} = L_{Dice} + L_{CE} \tag{15-3}$$

15.3.2　评价指标

为客观评价训练所得模型对路面病害的检测效果，实验选取交并比（intersection of

union，IoU）、精确率（precision，P）、召回率（recall，R）、平均帧率（frames per second，FPS）以及参数量（Params）作为评价指标。其中，IoU、P 和 R 评价指标计算公式如下：

$$IoU = \frac{TP}{TP+FP+FN} \tag{15-4}$$

$$P = \frac{TP}{TP+FP} \tag{15-5}$$

$$R = \frac{TP}{TP+FN} \tag{15-6}$$

式中，TP 表示分类正确的病害像素数；FP 表示将背景预测为病害的像素数；FN 表示以病害预测为背景的像素数；IoU 反映预测病害与实际病害的重合程度；P 反映病害检测的可靠程度；R 反映病害检测的完整程度。

另外，FPS 为模型每秒处理的图像数量，越高表示模型推理速度越快。Params 为评价模型体积的重要指标，其值越低表示模型的轻量化程度越高。各类别交并比累加后求均值可得到平均交并比（mean intersection of union，MIoU），计算公式如下：

$$MIoU = \frac{1}{m} \sum_{i=1}^{m} IoU_i \tag{15-7}$$

式中，m 为分类类别数。

由于准确率和召回率存在相互制约的关系，当召回率升高时，准确率往往会偏低。

引入 F1 值综合评价这两个指标的效果，其值越大表示分割效果越佳。F1 值计算公式如下：

$$F1 = \frac{2PR}{P+R} \tag{15-8}$$

15.3.3　模型训练与测试

为验证将轻量级的 MobileNetV3 网络作为传统 DeepLabV3＋模型的主干特征提取网络和采用 Ghost 卷积替换 ASPP 模块中的普通卷积的必要性，以及采用条形池化模块、引入 ECA 注意力模块、设计浅层特征融合结构和构造混合损失函数操作的有效性，设置 5 组不同的改进方案开展消融实验，见表 15-1。实验结果见表 15-2。

▫ 表 15-1　不同改进方案

方案	Xception	MobileNetV3＋Ghost	SPM	ECA	SFF	BCE＋Dice
1		√				
2		√	√			
3		√	√	√		
4		√	√	√	√	
5		√	√	√	√	√
基线模型	√					

□ 表15-2 消融实验结果

方案	评价指标										
	MIoU/%	IoU_C/%	P_C/%	R_C/%	$F1_C$/%	IoU_P/%	P_P/%	R_P/%	$F1_P$/%	FPS/(帧/s)	Params/MB
1	82.64	62.41	79.68	74.23	76.86	85.85	95.52	89.45	92.39	**46.23**	**14.55**
2	83.13	63.40	80.73	74.7	77.60	86.32	95.18	90.26	92.65	43.71	14.71
3	83.48	63.04	80.71	74.06	77.24	**87.74**	94.28	91.72	92.98	42.38	14.73
4	83.61	64.10	73.37	**83.53**	78.12	87.07	92.76	**93.42**	93.09	42.15	14.77
5	**83.94**	**64.80**	74.63	83.1	**78.64**	87.36	93.46	93.05	93.25	42.15	14.77
基线模型	83.40	63.32	**81.74**	73.75	77.54	87.19	**96.35**	90.17	93.16	20.61	209.70

注：粗体显示最佳结果，下角标C代表裂缝的实验结果，下角标P代表坑槽的实验结果。

由表15-2消融实验的结果可知，与传统DeepLabV3＋相比，方案1的Params减少了195.15MB，FPS提升了25.62帧/s，表明将轻量级MobileNetV3网络作为传统Deep-LabV3＋的主干特征提取网络、采用Ghost卷积替换ASPP模块中的普通卷积可明显减少模型参数量，显著提高模型推理速度。方案5相较于传统DeepLabV3＋和方案1、2、3及方案4在MIoU、F1值方面均有所提升，且比传统DeepLabV3＋的Params少194.93MB，FPS多21.54帧/s，增加了约1.05倍，表明本章路面病害检测模型可以大量减少参数量，在提升路面病害检测精度的同时检测速度也大幅上升。

15.3.4 不同模型的对比实验

为进一步验证改进DeepLabV3＋模型的性能，采用与15.2节相同的数据集和训练方法对传统DeepLabV3＋、M-PSPNet（主干网络为MobileNetV2）、R-PSPNet（主干网络为ResNet50）和U-net模型进行训练，并与本章模型（即改进后的DeepLabV3＋模型）进行测试结果比较，对比结果见表15-3。

□ 表15-3 本章模型与不同语义分割模型的测试结果对比

模型	评价指标										
	MIoU/%	IoU_C/%	P_C/%	R_C/%	$F1_C$/%	IoU_P/%	P_P/%	R_P/%	$F1_P$/%	FPS/(帧/s)	Params/MB
传统DeepLabV3＋	83.40	63.32	**81.74**	73.75	77.54	87.19	96.35	90.17	93.16	20.61	209.70
M-PSPNet	73.25	39.10	70.82	46.61	56.22	81.20	97.17	83.18	89.63	**79.32**	**9.30**
R-PSPNet	74.84	42.33	71.11	51.12	59.48	82.69	**97.49**	84.49	90.53	38.42	178.52
U-net	**84.29**	**67.40**	80.00	81.05	**80.52**	85.78	94.52	90.25	92.34	17.93	94.97
本章模型	83.94	64.80	74.63	**83.1**	78.64	**87.36**	93.46	**93.05**	**93.25**	42.15	14.77

注：粗体显示最佳结果，下角标C代表裂缝的实验结果，下角标P代表坑槽的实验结果。

从表15-3可知，本章模型相较于传统DeepLabV3＋和R-PSPNet模型，MIoU分别提高了0.54和9.10个百分点；路面裂缝检测的IoU分别提高了1.48和22.47个百分点，F1分别提高了1.10和19.16个百分点；路面坑槽检测的IoU分别提高了0.17和4.67个百分点，F1 分别提高了 0.09 和 2.72 个百分点；模型的 Params 分别减少了 194.93MB 和 163.75MB，FPS 分别提高了 21.54 帧/s 和 3.73 帧/s。本章模型与 M-PSPNet 模型相比，Params 增加了 5.47MB，FPS 降低了 37.17 帧/s，但是 M-PSPNet 模型以牺牲精度为代价，其 MIoU、IoU 和 F1 值比传统 DeepLabV3＋还低，检测效果不佳。U-net 模型的 MIoU 较本章模型有所提升（提升了 0.35 个百分点），但其 Params 比本章模型多 80.20MB，增加了约 5.43 倍，FPS 少 24.22 帧/s，检测速度较慢。值得注意的是，改进后的模型牺牲了一些 P 来换取更高的 R，R 的提高有利于病害的检出，病害漏判少，有助于进行准确的路面养护决策。

15.3.5 不同模型检测病害的可视化效果对比

改进后的 DeepLabV3＋模型与不同语义分割模型的可视化结果如图 15-8 所示。图中黄色实线矩形框区域为漏检区域，黄色虚线矩形框区域为误检区域。从图中第 1～3 行可以看出，这五种模型在图像中病害简单、清晰且干扰少时，均能够有效地检测出病害。若图像中的病害比较复杂、微小，或者图像不够清晰，抑或是存在其他干扰时，各个模型的检测结果会出现明显差异。图中第 4～6 行中，由于图像中的病害较为复杂，M-PSPNet 及 R-PSPNet 模型存在较为严重的漏检问题，传统 DeepLabV3＋模型也有一定程度的漏检，而 U-net 模型则存在轻微的误检。由此可知，改进后模型的检测效果与 MIoU 值最高的 U-net 模型相近，检测的病害准确、连续，细节也较为丰富，基本能够保持病害的完整性。

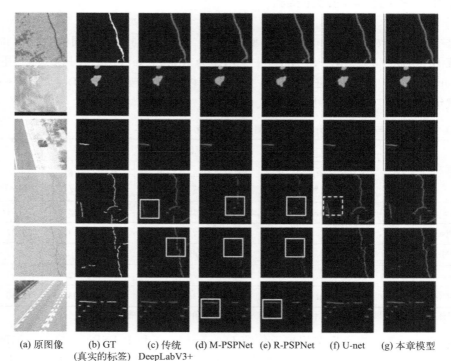

(a) 原图像   (b) GT   (c) 传统   (d) M-PSPNet   (e) R-PSPNet   (f) U-net   (g) 本章模型
（真实的标签） DeepLabV3+

图 15-8 原图像、GT，及五种模型的可视化结果（见书后彩插）

📖 小结

本章使用语义分割模型的航拍路面图像病害检测算法，实现路面病害的识别及定位。具体工作总结如下：

① 利用无人机在五条代表性路段上于不同时间段采集真实的病害图像，并使用像素级标注工具 LabelMe 完成图像病害的标注。之后使用重叠滑动窗口方法裁剪高分辨率病害图像，结合公开数据集并应用数据增强方法建立一个复杂多样的航拍路面病害数据集。

② 结合 DeepLabV3+语义分割模型，并对其进行改进，改进后的模型参数量仅为14.77MB，在测试集中的平均交并比及平均帧率分别达到了 83.94%和 42.15 帧/s。通过分析航拍路面图像病害检测实验知，该模型有更优的检测效果，鲁棒性强。基于深度学习的路面病害检测方法能够进一步提高道路病害检测的安全性和可持续性。

参考文献

［1］ 张富，王晓军．C及C＋＋程序设计［M］．北京：人民邮电出版社，2013.

［2］ 赵宇，蒋郑红，王崇．C＋＋语言程序设计［M］．天津：天津科学技术出版社，2018.

［3］ 郑阿奇．Visual C＋＋实用教程［M］．3版．北京：电子工业出版社，2007.

［4］ 杨章伟，等．21天学通C＋＋［M］．2版．北京：电子工业出版社，2011.

［5］ 范磊．从新手到高手C＋＋全方位学习［M］．北京：科学出版社，2009.

［6］ 李春葆，陶红艳，等．C＋＋程序设计教程［M］．2版．北京：清华大学出版社，2007.

［7］ 谭浩强．C＋＋面向对象程序设计［M］．北京：清华大学出版社，2006.

［8］ 段峰，王耀南，雷晓峰，等．机器视觉及其应用综述［J］．自动化博览，2002（3）：59-61.

［9］ 刘曙光，刘明远．机器视觉及其应用［J］．河北科技大学学报，2000，38（4）：11-15.

［10］ 侯远韶．机器视觉系统关键技术分析及应用［J］．科技资讯，2019，17（08）：1-3.

［11］ 章炜．机器视觉技术发展及其工业应用［J］．红外，2006（02）：11-17.

［12］ 赵翔宇，周亚同，何峰，等．工业干扰环境下基于模板匹配的印刷品缺陷检测［J］．包装工程，2017，38
（11）：187-192.

［13］ 孙光民，刘鹏，李子博．基于图像处理的带钢表面缺陷检测改进算法的研究［J］．软件工程，2018，21（04）：
5-8.

［14］ 张经宇，滕建辅，白煜．医学图像边缘检测的Levy-DNA-ACO算法研究［J］．计算机工程与应用，2018，54
（08）：14-20.

［15］ 冯振，郭延宁，吕跃勇．OpenCV 4快速入门［M］．北京：人民邮电出版社，2020.

［16］ 许录平．数字图像处理［M］．北京：科学出版社，2007.

［17］ 黄慰，叶强，杨超超，等．基于变电站巡检机器人和综合管控平台的断路器状态识别方法［J］．科技视界，
2019（28）：92，95-96.

［18］ 杨纶标，高英仪．模糊数学原理及应用［M］．广州：华南理工大学出版社，2006.

［19］ 刘永新．印刷电路板的自动光学检测系统的设计与研究［D］．北京：北京交通大学，2007.

［20］ Papageorgiou，Oren，Poggio．A general framework for object detection［C］.//International Conference on
Computer Vision，1998.

［21］ 张新，何婷婷，申沅均，等．一种人脸和唇语相融合的身份认证方法及系统：CN201810661218.X［P］．2018-
12-07.

［22］ 崔昌华，朱敏琛．基于肤色HSV颜色模型下的人脸实时检测与跟踪［J］．福州大学学报（自然科学版），2006
（06）：826-830.

［23］ 卢官明．机器学习导论［M］．北京：机械工业出版社，2021.

［24］ 陈海红，黄彪，刘锋，等．机器学习原理及应用［M］．成都：电子科技大学出版社，2017.

［25］ 刘华祠．基于传统机器学习与深度学习的图像分类算法对比分析［J］．电脑与信息技术，2019，27（5）：
12-15.

［26］ Goodfellow I，Bengio Y，Courville A．Deep learning［M］．Cambridge：MITP Verlags GmbH，2018.

［27］ Howse J，Minichino J．Learning OpenCV 4 Computer Vision with Python［M］．Birmingham：Packt Publishing，
2020.

［28］ 明日科技，赵宁，赛奎春，等．Python OpenCV从入门到实践［M］．长春：吉林大学出版社，2021.

［29］ Khaled R H，Hadi A I．Age and Gender Classification using Multiple Convolutional Neural Network［J］．Materials
Science and Engineering，2020，928（3）．

［30］ Chollet F．Xception：Deep Learning with Depthwise Separable Convolutions［C］//2017 IEEE Conference on

Computer Vision and Pattern Recognition (CVPR). Los Alamitos：IEEE Computer Society，2017：1800-1807.

［31］ Howard A，Sandler M，Chu G，et al. Searching for MobileNetV3 ［C］//Proceedings of the IEEE/CVF International Conference on Computer Vision. New York：IEEE，2019：1314-1324.

［32］ Han K，Wang Y H，Tian Q，et al. Ghostnet：More features from cheap operations ［C］//Proceedings of the IEEE/CVF Conference on Computer Vision and Pattern Recognition. New York：IEEE，2020：1580-1589.

［33］ Hou Q B，Zhang L，Cheng M M，et al. Strip pooling：Rethinking spatial pooling for scene parsing ［C］//Proceedings of the IEEE/CVF Conference on Computer Vision and Pattern Recognition. New York：IEEE，2020：4003-4012.

［34］ Wang Q L，Wu B G，Zhu P F，et al. ECA-Net：Efficient Channel Attention for Deep Convolutional Neural Networks ［C］//2020 IEEE/CVF Conference on Computer Vision and Pattern Recognition （CVPR）. New York：IEEE，2020：11531-11539.

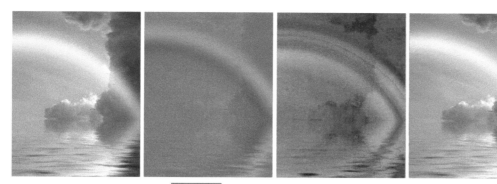

图 6-1　图像在不同颜色空间中的情况

(a)　　　　　　　　　　　　　　　　(b)

图 6-2　灰度图像转换

图 11-1　选取颜色画面

(a) RGB (b) HSV

图 11-4 颜色空间对比

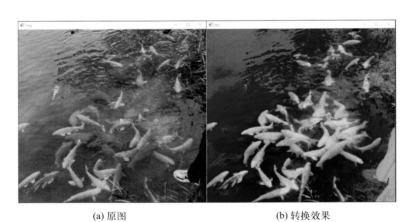

(a) 原图 (b) 转换效果

图 11-14 转换 HSV 颜色空间效果图

图 11-15 基础颜色通道

图 11-16 HSV 颜色通道

图 12-1　颜色跟踪效果图

图 12-6　颜色遮罩过滤效果图

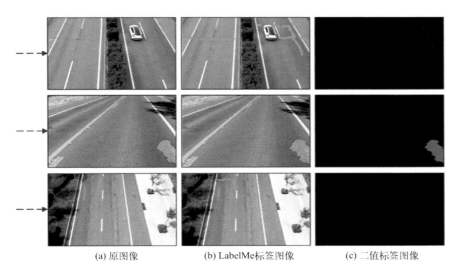

(a) 原图像　　　　　　　(b) LabelMe标签图像　　　　　　　(c) 二值标签图像

图 15-3　使用 LabelMe 进行路面病害像素级标注示例

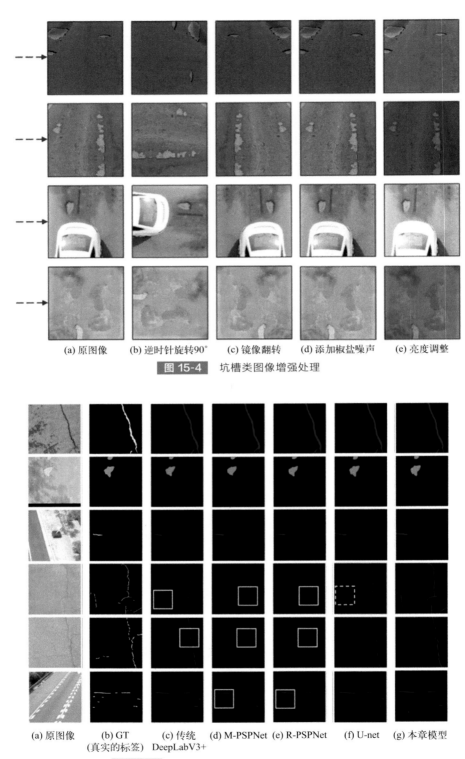

(a) 原图像　　(b) 逆时针旋转90°　　(c) 镜像翻转　　(d) 添加椒盐噪声　　(e) 亮度调整

图 15-4　坑槽类图像增强处理

(a) 原图像　(b) GT　(c) 传统　(d) M-PSPNet　(e) R-PSPNet　(f) U-net　(g) 本章模型
　　　　　　(真实的标签)　DeepLabV3+

图 15-8　原图像、GT，及五种模型的可视化结果